과학이 가르쳐준 것들

과학이 가르쳐준 것들

2020년 3월 13일 초판 1쇄 발행
2021년 3월 22일 초판 2쇄 발행

지은이 이정모
펴낸이 정희용
편집 박은희
펴낸곳 도서출판 바틀비
주소 07255 서울시 영등포구 선유동1로 33 성도빌딩 3층
전화 02-2039-2701
팩시밀리 0505-055-2701
페이스북 www.facebook.com/withbartleby
블로그 blog.naver.com/bartleby_book
이메일 BartlebyPub@gmail.com
출판등록 제2017-000105호

ISBN 979-11-964869-8-3 03400

과학이 가르쳐준 것들

자유롭고 유쾌한 삶을 위한
17가지 과학적 태도

이정모 지음

바틀비

"입장 바꿔 생각해봐!"

많이 듣는 말입니다. 아니, (속으로) 많이 뱉는 말이죠. 놓여 있는 곳에 따라 생각이 바뀝니다. 보고 느끼는 게 달라지기 때문이죠. 이건 사람만의 특권일 수도 있습니다. 짐승들에게 바뀔 입장이 뭐가 있겠어요, 잡아먹느냐 먹히느냐의 입장만 빼면 말입니다. 그런데 우리는 상당히 다양한 입장에 서게 됩니다. 우리가 지배하는 공간이 다양하기 때문이죠.

아주 춥고 건조한 곳부터 아주 덥고 습한 곳까지 우리는 어디서나 견딜 수 있습니다. 일부러 돈 들여서 찾아가기도 합니다. 자연적인 상태에서는 숨도 쉴 수 없는 깊은 바다와 높은 산 어디든 여행하죠. 심지어 우주정거장에서 몇 달씩 체류하면서 온갖 실험을 하는 사람들도 있습니다. 서 있는 곳이 다르면 보는 것도 달라지고 그리면 생각도 달라지겠죠. 그러고 보니 입장 바꿔 생각하는 것은 인간들이 쟁취한 꽤나 큰 특권인 것 같습니다.

그런데 말입니다. 입장을 바꿔 생각하는 데는 꼭 새로운 지식이 필요한 것은 아닙니다. 관점만 바꾸면 되지요. 생각하고 말하는 태도를 바꿔달라는 것이잖아요. 그런데 왜 우리는 다른 사람들에게 입장을 바꿔 생각해보라고 하는 걸까요? "나는 행복하고 싶은데 당신 때문에 행복하지 않아요. 그러니 당신이 태도를 바꾸라고요" 라고 요구하는 것 아닐까요? 행복은 우리가 사는 목적이잖아요.

행복이 뭘까요? '행복은 ○○이다'라고 말할 수는 없습니다. 하지만 기본적으로 필요한 몇 가지가 있습니다. 기쁨을 나눌 수 있는 존재가 옆에 있고, 또 춥고 배고프지 않고 건강해야겠지요. 이게 전부는 아닐 겁니다. 야학 교사를 10년 가까이 했습니다. 이때 깨달은 게 있죠. 글을 읽고 쓸 수 있다는 것은 행복의 폭과 깊이를 확장하는 큰 계기가 됩니다.

그런데 이것은 20~30년 전의 일입니다. 읽고 쓰는 것은 누구나 하는 일이 되었잖아요. 이젠 새로운 요소가 필요합니다. 고(故) 신영복 선생님이 강연 중에 이런 말씀을 하셨어요. "여름에 감옥에서 모로 누워 칼잠을 자다보면 옆 사람을 단지 37℃의 열덩어리로

만 느끼게 됩니다. 가장 가까이에 있는 사람끼리 서로 미워한다는 것은 매우 불행한 일이죠."

감옥만 좁은 게 아닙니다. 76억 명이나 되는 인류가 살아가기에 자연 그대로의 지구는 너무 좁습니다. 더군다나 너무 뜨거워지고 있죠. 이제 이웃을 열덩어리로 느끼게 될지도 모르겠습니다. 세상을 감옥으로 만들 수는 없습니다. 바꿔야지요. 21세기에 행복하게 살기 위해서는 과학과 기술을 이해해야 합니다.

하지만 이번에 펴내는 『과학이 가르쳐준 것들』은 과학과 기술을 설명하는 책은 아닙니다. 지식은 학교와 과학관에서 얻으시면 됩니다. 행복하기 위해서 입장 바꿔서 생각해보자는 것입니다. 과학을 입장 바꿔 생각하는 지렛대로 삼아서 말입니다.

최근 2년 동안 쓴 칼럼을 모아 17가지의 키워드로 묶어 재구성했습니다. 실패, 비판적 사고, 질문, 관찰, 모험심, 현실적인 목표, 측정, 개방성, 수정, 겸손, 공감, 검증, 책임, 공생, 다양성, 행동, 협력이 바로 그것입니다. 일부러 이렇게 묶은 것은 아니고요. 묶다

보니 자연스럽게 그렇게 되었습니다.

책으로 묶으면서 원고를 다시 읽어봤습니다. 눈으로만 따라가면서 읽었지만 음성지원이 되는 것 같았습니다. 경복궁역 2번 출구 근처에 있는 경동맛집 2층에 앉아 친구들에게 떠드는 내 모습이 그대로 그려졌습니다. 그렇습니다. 저는 TMT(Too Much Talker)입니다. 말 많은 사람의 이야기에 기승전결이 있을 리 없습니다. 막걸리를 따르면서 이야기가 꼬리에 꼬리를 물고 이어집니다.

우리가 과학을 이해해야 하는 이유는 행복하기 위해서입니다. 그런데 과학을 공부하려면 벌써 괴로워지잖아요. 과학 공부는 하셔야 합니다. 하지만 이 책에서는 저와 함께 자유롭고 유쾌한 삶을 위한 17가지 과학적 태도에 관해 이야기를 나눠보시죠. 저도 과학은 어렵습니다만…….

2020년 3월 1일

이정모

차례

공생 ; 우리는 모두 연결되어 있다

다양성 ; 다양할수록 독창적이다

행동 ; 인류는 늘 한계를 극복하고 답을 찾아왔다

협력 ; 협력할수록 확장된다

실패

실패가 우리를 자유롭게 한다

"과학자들은 천재가 아니라 실패에 무딘 사람입니다."

세상에 완벽한 사람은 없다

연말이 되면 인생에 실패한 것 같아 좌절에 빠지는 친구들이 많이 등장합니다. 바로 대학에 떨어진 친구들이죠. 남들 다 가는 것 같은 대학에 떨어진 것도 억울한데 그 지겨운 입시 공부를 한 해 더 해야 한다니 앞이 캄캄하고 억울하고 또 부끄럽기도 합니다. 그러게 좀 열심히 하지 그랬어요!

그런데 말입니다. 열심히 해도 대학에는 떨어지더군요. 정말입니다. 왜냐하면 제가 그랬거든요. 저는 부모님에게 "공부 좀 해라!"라는 말을 단 한번도 들어본 적이 없어요. 왜 그랬을까요? 알아서 공부를 열심히 했기 때문이죠. 공부가 취미였어요. 심지어 지금도 아버지가 제 조카들에게 "공부 너무 열심히 하면 너희 큰아버지처럼 된다"라고 핀잔을 하실 정도죠.

〈내셔널 지오그래픽〉이라는 월간지가 있습니다. 미국지리학회에서 발행하는 권위 있는 잡지죠. 2013년 5월호 표지에는 돌이 채 되지 않은 아이의 얼굴 사진이 실렸습니다. 그리고 큰 글씨로 특집 기사 제목을 적어놓았죠. 'THIS BABY WILL LIVE TO BE 120.' 조동사 will을 쓴 걸 잘 봐야 해요. '이 아기는 120살까지 살 거야'라고 단정적으로 말했습니다.

〈타임〉이라는 주간지도 있어요. 제가 대학 신입생일 때는 이 잡지를 옆구리에 끼고 다니는 친구들이 많았죠. 물론 일주

〈내셔널 지오그래픽〉 2013년 5월호

〈타임〉 2015년 2월 23일자

일 동안 기사 하나를 제대로 읽지도 못했어요. 그냥 폼이었어요. 2015년 2월 23일자 표지에 돌이 되지 않은 아이 얼굴이 실렸어요. 그리고 큰 글씨로 이렇게 적었죠. 'THIS BABY COULD LIVE TO BE 142 YEARS OLD.' 이번에는 조동사 could를 썼네요. '이 아기는 어쩌면 142살까지 살지도 몰라'쯤 될 겁니다.

사람이 142살까지 살게 될지 모른다고요? 이게 말이 되냐고요? 네, 말이 됩니다. 굳이 2010년대에 태어난 사람이 아니더라도, 지금 대략 스무 살쯤 된 사람들은 아마 사고만 당하지 않는다면 120살까지는 충분히 살게 될 겁니다.

"어휴, 어떻게 100살, 120살을 살아. 지겹게. 나는 그렇게 살고 싶지 않아!"라고 말하고 싶은 분들도 있을 거예요. 하지만 소용없는 일이에요. 과학과 의학이 정말 많이 발전해서 죽는 일도 쉽지 않아졌어요. 이렇게 긴 인생에서 한두 해는 정말 아무것도 아니더라고요.

게다가 알고 보니 실패가 엄청난 자산이더라구요. 없는 실패도 만들어서 해야 할 판입니다. 노벨상은 실패한 연구자들에게 주는 겁니다. 무슨 황당한 소리냐고요? 2017년 노벨 화학상은 '극저온 전자현미경'을 연구한 세 분의 과학자에게 돌아갔습니다. 당시 그분들의 나이가 만 77세, 75세, 72세였어요.

그분들은 1973년부터 연구를 시작했어요. 그 사이에 실패, 실패, 실패, 작은 성공, 실패, 실패, 실패, 작은 성공… 같은 패턴을 반복했죠. 그러다가 2013년에야 마침표를 찍게 됩니다. 결국 40년 동안 실패를 거듭했던 분들이에요. 노벨상은 그 실패에 대한 보답인 것이죠.

우리나라의 연구개발(R&D) 성공률은 얼마나 될까요? 놀랍게도 95~98퍼센트입니다. 네! 바로 이게 문제입니다. 우리나라는 성공만 해요. 그래서 노벨상을 못 받는 거예요. 우리나라 과학자들은 다 천재일까요? 그래서 실패가 없는 걸까요? 그럴 리가 없잖아요. 여러 가지 사정으로 실패할 수 없는 주제를 연구했기 때문입니다. 이런 연구에는 결코 노벨상이 돌아갈 리가 없지요. 과학자들은 천재가 아니라 실패에 무딘 사람입니다.

노벨상을 타고 싶으면 실패를 많이 해야 합니다. 성공한 인생이란 게 뭔지는 저도 모르겠습니다. 하지만 인생에 성공하고 싶으면 일단 실패를 많이 해야 하는 것은 분명한 것 같아요.

그런데 세상에 쉬운 게 하나도 없습니다. 실패도 그래요. 아직도 그날이 기억나요. 그때는 대학 건물 벽에 커다랗게 학과별 합격자 번호를 붙여놓았어요. 아무리 눈 씻고 다시 봐도 제 번호가 없는 거예요. 실패하기도 힘들었지만 실패를 납득하고 인정하기는 더 힘들었죠. 시간이 많이 필요했습니다. 결국에는

2017년 노벨 화학상 수상자

자크 뒤보셰(75세), 요아힘 프랑크(77세), 리처드 헨더슨(72세)

다 되더라구요.

대학에 떨어진 후 재수학원 입학시험을 치렀습니다. 학력고사 보는 날보다 더 긴장했고, 합격자 발표를 초조하게 기다렸습니다. 물론 당당히(!) 붙었고요. 다음 해에 대학에 들어갔습니다. 대학 생활은 온갖 어려움이 있었고요. 대학원 입학시험에도 떨어졌습니다. 운전면허시험은 무수히 떨어졌고요. 실험은 죽어라고 잘되지 않았죠. 그야말로 실패의 연속이었습니다.

아무리 나이가 들어도, 실패에 익숙해져도 실패는 견디기 힘든 겁니다. 그런데 어느 순간부터인가 실패해서 생기는 데미지가 점점 작아지는 거예요. 처음에는 몇 달 걸리던 게 나중에는 하루면 회복되더군요. 오뚝이처럼 쉽게 일어나게 됐습니다. 이걸 교육학자들은 굳이 어려운 말로 '회복탄력성'이라고 합니다. 탄성계수가 좋은 스프링이 통통 튕겨 나가듯이 회복탄력성이 좋은 사람은 실패에서 쉽게 일어섭니다.

우리 인생은 깁니다. 길어도 너무 깁니다. 우리 인생에는 무수히 많은 실패라는 지뢰가 깔려 있고, 우리는 그 지뢰를 결코 피할 수 없습니다. 이따금씩 잊을 만하면 지뢰가 터집니다. 이때 가장 중요한 것이 회복탄력성입니다. 회복탄력성을 키우는 유일하면서도 가장 확실한 방법은 실패를 많이 경험하고, 실패할 때마다 격려받는 것입니다.

이 실패가 우리를 자유롭게 할 것입니다. 이 실패를 잘 즐겨보자고요. 다른 사람이 우리의 실패를 격려할 가능성은 그다지 크지 않습니다. 우리 스스로 격려해야 합니다.

틀리는 게 정상

제가 어렸을 때만 해도 텔레비전의 밤 9시 뉴스가 끝날 무렵에는 기상청(당시에는 중앙관상대)의 김동완 통보관이 직접 출연해서 날씨를 알려주었습니다. 김동완 통보관은 한반도 주변의 해안선이 표시된 흰 종이에 매직으로 등압선을 그려가면서 날씨를 예보했죠. 그가 날랜 속도로 그리는 기상도 덕분에 온 국민이 날씨가 왜 변하는지 잘 이해할 수 있었어요. 매일 지구과학 수업을 듣는 것이나 마찬가지였지요.

기상도는 어떻게 그리는 걸까요? 시작은 숫자입니다. 기상학자들은 자기들만의 가상세계를 만듭니다. 그리고 대기를 양파 껍질처럼 여러 층으로 나누죠. 각 층을 다시 바둑판처럼 여러 개의 작은 면으로 분할합니다. 지구를 둘러싼 공기를 수없이 많은 작은 정육면체 상자로 채웠다고 보면 됩니다. 각 정육면체의 꼭짓점에서 대기의 여러 특성을 측정합니다. 이 값을 컴퓨터에 입력해 미래의 대기 상태를 계산합니다. 정육면체가 작아지면 작아질수록 더 정교한 값이 나오겠지요.

그런데 일기예보는 우리만 잘한다고 되는 게 아닙니다. 기상도에는 국경이 있지만 대기에는 국경이 없거든요. 공기는 국경을 넘나들면서 순환합니다. "이건 우리나라 공기야. 저건 너희 나라 공기잖아"라고 말해봐야 소용이 없는 거죠. 따라서 정확한 일기예보를 하기 위해서는 우리나라의 대기 흐름뿐만 아니라 다른 나라 위에서 움직이는 대기의 특성도 알아야 합니다. 그래서 기상 분야는 전 세계의 협력체계가 가장 먼저 확립되었습니다.

서로 도움을 주고받으려면 교환하는 정보의 규격이 같아야겠죠. 그래서 전 세계는 같은 시간에 같은 방법으로 기상을 관측하고 이 값을 교환합니다. 이를 위해 1873년에 이미 국제기상기구(IMO)가 설립되었죠. IMO는 1950년에 UN 산하기관인 세계기상기구(WMO)로 개편됩니다. 세계기상기구는 이념과 상관없이 협력합니다. 심지어 전쟁 중인 국가 사이에도 정보를 주고받습니다.

더 정교한 일기예보를 하려면 대기를 나눈 가상의 정육면체 크기가 더 작아져야 합니다. 그러면 더 많은 숫자가 나오거든요. 숫자가 늘어났으니 이걸 계산하는 시간도 기하급수적으로 늘어납니다. 기상청의 과학자들이 모두 매달려서 엄청난 속

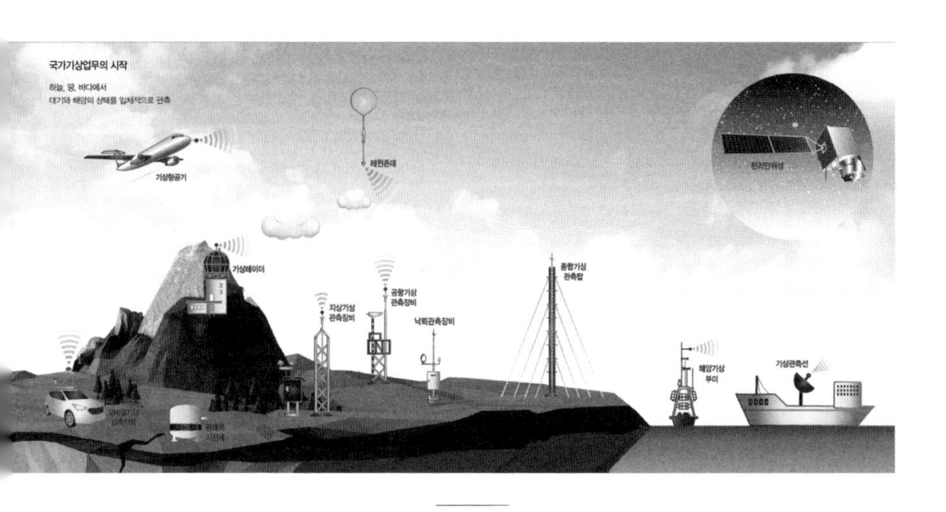

우리나라는 지상의 경우 평균 13킬로미터마다 관측장비를 설치해 관측하고 있습니다. 이 관측자료들을 입력해서 대기현상을 수식으로 나타낸 물리방정식으로 이루어진 컴퓨터 프로그램이 바로 수치예보모델입니다. 슈퍼컴퓨터는 이를 계산해주는 하드웨어입니다.

도로 계산합니다. 마침내 답을 얻었습니다. 내일의 일기예보가 작성되었습니다. 그런데 아뿔싸! 벌써 내일모레가 되었네요. 도저히 손으로 계산해서는 안 될 것 같습니다. 그래서 등장한 것이 바로 슈퍼컴퓨터입니다.

1999년 슈퍼컴퓨터 1호기(NEC/SX-5)의 도입과 함께 우리나라에서도 본격적인 수치예보가 시작됩니다. 우리나라 슈퍼컴퓨터의 역사는 기상청 슈퍼컴퓨터의 역사와 같습니다. 기상청은 다양한 해상도의 모델을 사용합니다. 10킬로미터의 전지구모델, 12킬로미터의 지역모델, 1.5킬로미터의 국지예보모델, 32킬로미터의 전지구앙상블모델(25개국), 3킬로미터의 국지앙상블모델(13개국) 등이 그것이지요.

그런데 왜 일기예보는 맨날 틀리는 걸까요? 우리나라는 일기예보가 좀 까다롭기는 합니다. 전 국토의 70퍼센트가 산입니다. 동서를 가르는 백두대간이 있고 여기에서 나온 산줄기가 발달했지요. 삼면을 둘러싼 바다에서 고온다습한 기류가 몰려오고 북쪽에서는 차고 건조한 공기가 내려오죠. 복잡한 기류와 복잡한 지형이 만나서 게릴라성 폭우처럼 예측하기 어려운 현상들이 자주 일어납니다.

슈퍼컴퓨터는 그냥 하드웨어입니다. 하드웨어도 중요하지만 소프트웨어가 더 중요하지요. 처음에는 일본 수치예보모델을 썼어요. 좋은 모델이지만 틀릴 때가 많았습니다. 2010년부터는 영국 모델을 사용하고 있습니다. 일본 것이든 영국 것이든 우리나라 상황을 정확히 반영하지는 못하지요. 우리나라만의 수치예보모델이 필요합니다. 사람과 돈과 시간이 필요한 일이지요.

그럼에도 우리나라 기상청의 예측 정확도는 세계 최고 수준이죠. 우리나라 일기예보가 엉터리라는 느낌은 예측이 어긋나서 망친 하루만 기억하는 우리 뇌 때문에 생기는 착각입니다.

더 중요한 게 있습니다. 일기예보는 과학입니다. 자료를 가지고 가장 합리적인 판단을 하는 것입니다. 비가 온다, 안 온다가 아니라 강수 확률이 몇 퍼센트라고 예보하죠. 합리적인 판단이 항상 정답으로 이어지는 것은 아닙니다.

일기예보는 영묘한 점쟁이가 내놓는 점괘가 아닙니다. 당연히 맞지 않을 수도 있습니다. 예보가 틀렸다고 해서 기상청장이 사과문을 발표해야 하는 것은 아니라는 얘기입니다. 과학은 과학으로 대해야 합니다.

과학도, 인생도 가끔 틀리는 게 정상입니다.

비판적 사고

의문을 가질 수 있는 능력

"믿는 것은 쉽습니다. 하지만 공부는 어렵습니다.
공부란 의심하고, 의심하고 또 의심하다가
질문하면서 시작되기 때문입니다."

공부란 의심하고 또 의심하는 것

공자가 말했습니다.

"유(由)야, 너는 여섯 가지 말에서 여섯 가지 폐단이 따른다는 말을 들어보았느냐?"

선생님이 제자에게 이렇게 물어봤을 때 나오는 대답은 뻔합니다.

"듣지 못했습니다."

그렇습니다. 이것이 배움을 청하는 자세입니다.

"거기 앉아라. 내가 설명해주마."

공자는 이어서 여섯 가지 말과 여섯 가지 폐단을 가르칩니다. 그 가운데 세 번째 말과 그에 따른 폐단은 이러합니다. '호신불호학(好信不好學), 기폐야적(其蔽也賊).' 요즘 말로 하면 '믿기만을 좋아하고 공부하기를 좋아하지 않으면 그 폐단은 사회의 적으로 나타난다'는 뜻입니다.

믿는 것은 쉽습니다. 하지만 공부는 어렵습니다. 공부란 의심하고, 의심하고 또 의심하다가 질문하면서 시작되기 때문입니다. 주변에 믿지 못할 놈들 천지인데 의심이 뭐가 어렵느냐고 생각할 수도 있습니다. 맞습니다. 하지만 의심하기 어려운 이유가 의외로 많습니다.

첫 번째 이유는 메시지가 좋기 때문입니다. 버스 뒷자리에 앉은 고운 아주머니가 초등학교 2학년쯤 되어 보이는 딸에게 이야기합니다. "엄마가 책에서 읽었는데, 물에다 대고 '넌 참 곱구나, 나는 너랑 놀고 싶어, 사랑해' 같은 좋은 이야기를 하고서 얼리면 대칭형의 예쁜 얼음 결정이 생기고, '난 네가 싫어. 꺼져. 죽어버려' 같은 나쁜 이야기를 하고서 얼리면 아주 못생긴 얼음 결정이 생긴대."

일본 사람이 쓴 책에 나오는 이야기입니다. 이 책이 얼마나 인기가 있었는지 우리나라에서만 수십만 부가 팔렸습니다. 아직도 5월 초가 되면 유치원생과 초등학교 저학년 아이들은 부모 몰래 투명 텀블러를 냉동고에 숨깁니다. 자기 마음을 담은 예쁜 결정의 얼음을 어버이날에 선물하기 위해서입니다.

말도 안 되는 이야기입니다. 도대체 물은 몇 가지 언어를 이해해야 하는 걸까요? 예쁜 말에서 특정한 파장의 에너지가 나와서 물 분자를 진동시켜 특정한 모양이 되게 할 리가 없지 않습니까. 하지만 이런 말은 쉽게 믿게 됩니다. 왜냐하면 메시지가 너무 좋기 때문입니다. 예쁜 생각을 하고 고운 말을 쓰라는 거 아닌가요.

두 번째 이유는 메신저가 좋기 때문입니다. 우리는 훌륭한 분의 말씀은 믿고 싶어 합니다. 선생님, 목사님, 스님, 신부님, 공자님처럼 좋은 사람들의 말은 쉽게 믿습니다. 환경운동가처럼 자신의 이익은 염두에 두지 않고 오직 세상의 빛과 소금으로 사는 사람들의 말을 쉽게 믿습니다. 왜요? 메신저가 좋으니까요. 좋은 사람이 설마 나쁜 이야기를 했을 리는 없으니까 믿으려고 합니다.

그런데 생각해보죠. 왜 훌륭한 분들이 하는 이야기가 다 다른지 말입니다. 핵발전소, 동성애, 신도시 건설, 최저임금 인상에 대한 목사님, 신부님, 스님들의 이야기는 모두 다릅니다. 지지하는 정당도 다릅니다. 좋은 메신저가 하는 이야기가 다 다르다면 그들의 메시지도 당연히 의심해야 합니다. 아이들을 자연 치유시키려 한 어떤 한의사 선생님은 얼마나 훌륭한 생각을 하셨습니까. 하지만 그를 의심하지 않아서 생긴 폐단은 너무나 컸습니다. 저는 환경운동가들의 삶을 존경합니다. 하지만 GMO, MSG, 전자(기)파의 위험성에 대해 하는 이야기를 무턱대고 믿어서는 안 됩니다.

친한 이웃이 환경운동가인데 그 집에 놀러 갔더니 전자레인지가 베란다에 나가 있었습니다.

"아니, 그걸 왜 바깥에 내놨어요?"

"전자파가 나오고 영양소도 파괴하고 발암물질도 만드는 위험한 거라서 바깥에 놔뒀어요."

"그렇게 위험하면 갖다 버려야지요. 왜 바깥에 놔두고 쓰세요?"

"어쩔 수 없이 써야 될 때는 가족을 위해 저 혼자 살신성인의 자세로 쓰고 있어요."

미치고 환장할 일입니다. 정말 좋은 일 하는 분이고 세상의 빛과 소금 같은 분인데 그런 말씀을 하니까요. 세상에 전자파는 없습니다. 전자기파입니다. 사람들은 전자파라는 이름을 쓰면서 막 전자가 총알처럼 튀어나와 내 몸이 망가질 거라고 생각을 합니다.

우리가 매일 보는 빛(가시광선)이 전자기파의 한 종류입니다. 전자기파는 파장의 길이가 짧은 것부터 감마선, 엑스선, 자외선, 가시광선, 적외선, 마이크로파(전자레인지), 전파(라디오파)의 순으로 분류합니다. 전자레인지가 몸에 안 좋으면 무지개도 몸에 안 좋습니다. 무지개는 가시광선이거든요. 하지만 "무지개 떴다, 숨어!" 하는 부모는 한 명도 없습니다. 적외선도 우리가 일상적으로 쓰는 것입니다. 리모컨으로 TV 채널 바꿀 때 "지금 채널을 바꿀 거니까 위험할지도 모르니 나가 있다가 와"라고 하는 부모도 없습니다. 근데 마이크로파 때문에 발암물질이 생긴다면 리모컨은 어떻게 쓰고 무지개는 어떻게 쳐다보고 있겠습니까.

의심해야 할 주제로는 호흡도 있습니다. 호흡이란 생명체

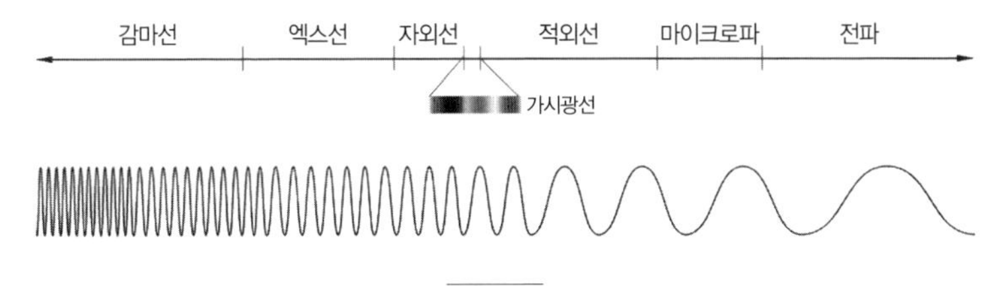

전자기파의 종류

가 산소를 받아들이고 이산화탄소를 배출하는 생명 활동입니다. 호흡을 위해서는 산소가 있는 공기 또는 물과 직접 접촉하는 기관이 있어야 합니다. 허파와 아가미, 피부 그리고 곤충의 기문(氣門)이 그것입니다.

그런데 뇌호흡이라는 게 있습니다. 표준국어대사전에도 안 나오는 단어인데, 뇌호흡에 관한 책은 전 세계적으로 수십만 권이나 팔렸습니다. 이 책에 따르면 뇌호흡은 다양한 방법으로 뇌를 자극하고 운동시킴으로써 뇌의 긴장을 제거하고 뇌가 원래의 편안한 상태를 회복하도록 돕는다고 합니다. 뇌가 적당한 긴장과 이완을 유지하며 최적의 상태가 될 때 육체적인 차원의 호흡을 주관하는 연수도 최상의 기능을 발휘하게 된다고 주장합니다. 정말 그렇게 되면 좋겠습니다.

그런데 왜 과학 교과서에는 안 나올까요? 과학자의 의심을 통과하지 못했기 때문입니다. 과학적인 용어를 사용하고 있지만 충분한 과학적인 연구와 증명 과정이 없습니다.

만유인력을 반대할 수는 없습니다. 의심의 장벽을 통과했기 때문입니다. 의심은 세상을 안전하게 지키는 방법입니다.

인생의 스승

저는 TMT입니다. 스스로 TMT라는 걸 잘 알기 때문에 항상 자제하고 조심하려고 노력합니다만… 잘되지는 않습니다. 모임의 분위기가 무르익었을 때쯤이면 어느덧 입을 쉴 새 없이 놀리고 있는 저를 발견하곤 하죠. 그런데 가끔 대화 내내 입을 꾹 다물고 있을 때가 있습니다. 은사님에 대한 이야기를 할 때입니다.

왜냐하면 할 이야기가 정말로 없기 때문이지요. 저는 왜 은사님에 대한 추억이 없을까요? 저는 공부를 제법 잘했고 선생님들의 귀여움을 받는 편이었지만 감히 선생님께 다가서지 못했습니다. 이유가 있습니다. 어려서부터 귀에 못이 박히도록 들은 이야기가 있거든요. "스승의 그림자도 밟지 않는다." 글자 그대로 믿었어요. 선생님의 그림자를 밟지 않으려면 가까이 다가서면 안 되잖아요.

스승의 그림자도 밟지 않는다는 말은 틀렸습니다. 스승의 그림자는 꼭 밟아야 합니다. 그림자를 밟을 정도로 가까이 다가가야 합니다.

도대체 누가 제게 그런 말도 안 되는 이야기를 해준 걸까요? 기억은 나지 않습니다만 저는 아버지를 의심할 수밖에 없습니다. 저는 아버지에 대한 신뢰가 엄청나게 컸습니다. 다들 어릴 때는 그렇잖아요. 아버지를 이해할 수 있습니다. 아버지는 일찍 고아가 되었습니다. 어른이라고는 학교 선생님뿐이었죠. 그런데 그때는 일제강점기였습니다. 교사의 권위가 하늘을 찌르던 시절이었죠. 문제는 그 권위가 어디에서 나왔는가 하는 겁니다. 일제강점기 때 교사는 칼을 차고 수업을 했습니다. 마치 군인과도 같았죠. 학생을 때리는 것은 당연한 일이었습니다. 학생은 교사에게 복종할 수밖에 없었습니다. 그러니 어찌 감히 스승의 그림자를 밟을 생각이나 했겠어요.

제가 고등학교를 졸업할 때까지도 그랬습니다. 맞으러 학교에 다니는 것 같았어요. 온갖 이유로 맞았습니다. 줄넘기를 못한다고 맞았어요. 아니, 맞으면 줄넘기를 잘하나요? 심지어 선생님께 미소를 지었다는 이유로 맞은 적도 있어요. 몹쓸 세상이었습니다. 저는 요즘 청소년들이 부럽습니다. 학교에 맞으러 다니지 않잖아요. (사실 더 부러운 건 따로 있습니다. 다정하게 손잡고 다니는 남녀 학생들을 보면 '에혀, 지금 태어났어야지!' 하는 생각이 들죠. 얼마나 부러운지 몰라요.)

스승의 그림자를 매일 밟읍시다. 학교에 가는 이유는 친구들뿐만 아니라 선생님을 만나러 가는 거잖아요. 스승의 그림자를 밟으면서 더 많이 이야기하자고요. 스승의 그림자를 밟다보면 존경심도 더 생깁니다.

그런데 스승의 그림자를 밟으면서 생각할 게 하나 있습니다. 한번 스승은 영원한 스승일까요? 그럴 리가요. 그러면 세상은 발전하지 못합니다. 제자는 언젠가는 어릴 때 스승의 스승이 되어야 합니다. 진정한 제자라면 스승을 뛰어넘어야 하지요. 더 생각이 넓어지고 깊어져야 합니다. 그게 바로 발전입니다. 스승의 그림자는 우리가 더 높이 뛰어오를 수 있도록 도와주는 발판입니다.

스승의 그림자가 뜀틀의 발판이 되려면 우리가 해야 하는 게 있습니다. 스승의 그림자를 밟으면서 대화를 나눌 때 "네, 그렇군요"뿐만 아니라 "정말요? 아닌 것 같은데요. 저는 그렇게 생각하지 않습니다"도 빼놓으면 안 됩니다. 뛰어넘는 연습은 지금부터 하는 겁니다.

스승의 그림자를 밟는 게 쉬운 일은 아닐 겁니다. 그런데요, 학교에 선생님보다는 친구들이 훨씬 많잖아요. 친구들의 그림자를 밟는 것은 어떨까요? 서로의 그림자를 밟으면서 서로의 스승이 되는 거죠. 제가 그림자를 밟은 그 사람이 바로 제 스승입니다. 제가 밟은 그림자가 많을수록 제 스승은 그만큼 많아지는 것이죠.

함부로 믿지 않고 질문하는 것, 나를 포함한 모든 사람이 언제든 실수할 수 있고 틀릴 수 있다고 인정하는 것이 과학적인 태도라고 생각합니다. 지금의 우리는 갈릴레오보다, 다윈보다 더 많은 과학적 지식을 알고 있어요. 하지만 우리가 그들보다 더 훌륭한 과학자라고 할 수는 없죠. 위대한 과학자들은 새로운 사고체계를 만들었기 때문에 훌륭한 거예요. 자신이 알고 있는 게 진리가 아니라는 걸 알았죠. 언젠가는 자신의 이론이 깨질 것을 알았습니다. 내가 모르는 것도 있다는 걸 인정했어요. 과학은 진리가 아니라 의심과 질문입니다. 과학자는 많은 걸 알고 있는 사람이 아니라 과학적으로 생각하는 사람입니다.

질문

정답 대신 좋은 질문

"새로운 질문을 얻어 가는 곳이어야 합니다.
어려울수록 흥미를 느낍니다."

지식의 강으로 가는 관문

공룡과 별. 이 두 가지는 과학으로 통하는 가장 큰 관문입니다. 제 주변에 있는 과학자들도 마찬가지입니다. 지금 연구하고 있는 분야와는 상관없이 그 출발점은 공룡과 별이었던 사람들이 많습니다. 어린 시절 엄마가 보여준 은하수, 술김에 흥에 겨운 아버지가 사들고 온 공룡 인형에서 우주와 생명에 대한 관심의 씨앗이 싹틉니다.

공룡은 보통 다섯 살에서 아홉 살 사이의 아이들이 좋아합니다. 요즘에는 남녀 구분도 없습니다. 꼬마들은 공룡 이름을 기가 막히게 잘 외웁니다. 등에 뾰족한 골판이 솟은 스테고사우루스, 얼굴에 뿔이 달린 트리케라톱스, 꼬리에 곤봉이 달린 안킬로사우루스처럼 특이하게 생긴 초식공룡들이야 그렇다고 쳐도 브라키오사우루스나 바로사우루스, 아파토사우루스처럼 그게 그것처럼 생긴 목 긴 공룡들도 기가 막히게 구분하는 것을 보면 놀라울 따름입니다. 꼬마들은 공룡학자들보다 공룡 이름을 더 많이 압니다.

"그런데 왜 아이들은 공룡을 좋아할까요?" 공룡 덕후 부모님들이 많이 묻는 질문입니다. 이 질문에는 아무런 걱정이 담겨 있지 않습니다. 오히려 거의 공룡 박사처럼 보이는 자식에 대한 대견함이 묻어 있습니다. 이런 질문에 제가 해주는 대답은 거의 교과서적입니다.

아이들이 공룡을 좋아하는 이유는 크게 세 가지입니다. 첫째는 크기 때문입니다. 우리는 큰 것에 매력을 느낍니다. 공룡만 그런 게 아닙니다. 코끼리, 기린, 코뿔소, 고래처럼 큰 동물을 좋아합니다. 같은 고양잇과 동물이라고 해도 살쾡이나 삵보다는 사자와 호랑이처럼 큰 동물이 멋있습니다. 그런데 공룡은 얼마나 큽니까! 하지만 여기에는 오해가 있습니다. 지금까지 발견된 1000여 종의 공룡 가운데 절반은 거위보다 작았습니다. 우리가 큰 것만 기억할 뿐입니다.

두 번째 이유는 이상하게 생겼다는 것입니다. 공룡은 지금 살고 있는 그 어떤 동물들과도 닮지 않았습니다. 머리와 등 그리고 꼬리가 괴상하게 생겼습니다. 이상한 생김새는 여러 가지 상상을 하게 합니다. 스테고사우루스 등에 있는 골판의 역할은 무엇일까, 같은 것 말입니다. 제가 어렸을 때는 방어 무기라고 가르쳤습니다. 그런데 생각해보세요. 포식자가 등 위에서 공격하는 게 아닌데 등판에 갑옷이 있어야 무슨 소용이겠습니까. 또 CT 촬영을 해보니 무수히 많은 모세혈관의 흔적이 보였습니다. 물리면 피를 줄줄 흘렸을 것입니다. 방어 무기이기는 커녕 약점인 셈입니다. 요즘은 뇌가 작은 초식공룡들이 동족을 찾기 위한 장치였다고 봅니다. 아이들뿐만 아니라 어른들도 낯

고생물학자 엘머 릭스가 발굴한 공룡 상완골(위팔뼈) 화석.
길이가 2미터에 달합니다.

선 것에 대한 호기심이 넘칩니다.

세 번째 이유는 지금 존재하지 않는 생명체라는 것입니다. 누구나 사라진 것에 대한 아련함이 있습니다. 어른도 그렇습니다. 학교 소사 아저씨, 유랑 서커스단, 연애편지처럼 사라진 것에 대한 기억은 변주를 일으켜서 다양한 이야기를 만들어냅니다. 이야기는 사람과 사람을 이어주는 다리입니다. 공룡을 중심에 두고 상상의 날개를 펼치면 무수히 많은 이야기 다리가 만들어집니다. 하지만 공룡이 멸종했다는 것은 큰 오해입니다. 약 1만 400종의 공룡이 지금도 살아남아서 우리와 함께 살고 있습니다. 새가 바로 공룡입니다. 시조새는 잊어도 됩니다. 시조새는 새의 조상이 아닙니다. 시조새 역시 공룡의 일종이었고 후손을 남기지 못하고 사라졌습니다. 하지만 새였던 공룡은 6600만 년 전 대멸종을 견뎌내고 우리와 함께 살고 있습니다. 우리는 축구를 보면서 공룡 튀김을 먹습니다.

공룡이라면 사족을 못 쓰던 아이들도 아홉 살이 되고 열세 살이 되면 공룡과 헤어집니다. 공룡 인형을 버리고 공룡 이름도 잊어버립니다. 도대체 왜 그럴까요? 저는 '질문'에 그 답이 있나고 생각합니다. 자연사박물관 관장으로 일하던 시절, 매일 한두 가족에게 전시 해설을 하는 도슨트 활동을 했습니다. 고생대 코너에서는 얌전하던 친구들이 중생대 코너에 들어서면 말이 많아집니다. 자기가 알고 있는 것을 자랑하기 바쁩니다. 부모님들은 그 모습을 대견해합니다. 공룡 앞에서 "질문 없어요?"라고 물어보면 100 중 99는 같은 질문을 합니다. "공룡은 왜 멸종했어요?"가 바로 그것입니다.

6600만 년 전 지름 10킬로미터짜리 거대한 운석이 지구에 충돌했고 열폭풍, 쓰나미, 지진, 화산 폭발 그리고 기후 변화로 인해 고양이보다 큰 육상동물이 모두 멸종할 때 비조류 공룡도 멸종했습니다. 오히려 "공룡은 왜 발생했어요?" 같은 질문이 나올 것도 같은데 정작 이런 질문은 하지 않습니다.

그렇습니다. 이것이 문제입니다. 공룡을 좋아해서 열심히 책도 읽고 다큐멘터리도 보고 강연도 들으면서 지식이 많아졌습니다. 지식을 자랑하는 재미가 쏠쏠했고 부모님이 좋아하시기도 했습니다. 그래서 뭐? 자랑도 한두 번이지…. 궁금하지 않았습니다. 새로운 질문이 떠오르지 않았습니다. 더 이상 묻고 캘 것이 없어졌습니다. 그러다 보니 공룡에 대한 관심도 사라졌습니다. 공룡 대신 별을 대입해도 마찬가지입니다. 행성의 이름과 성질을 익히고 별자리를 암기하고 추운 겨울날 관측도 했지만 질문이 더 이상 떠오르지 않으면 별과도 이별할 수밖에 없습니다.

"우리 아이가 어렸을 때는 공룡 박사였는데 이젠 과학이라고 하면 쳐다도 안 봐요. 왜 그런지 모르겠어요." 부모님들이 아쉬운 표정으로 많이 묻습니다. "애들이 다 그렇지요, 뭐"가 제 공식적인 답변이지만 속마음은 다릅니다. "아이들이 질문을 얻지 못했기 때문이지요"가 진짜 답입니다. 과학관과 자연사박물관은 호기심을 해결하는 곳에 그쳐서는 안 됩니다. 새로운 질문을 얻어 가는 곳이어야 합니다. 어려울수록 흥미를 느낍니다.

공룡과 별은 과학으로 통하는 가장 큰 관문입니다. 하지만 이 관문을 지났다고 해서 누구나 과학자가 되거나 과학적으로 사고하는 것은 아닙니다. 문을 통과하면 지식이라는 넓은 강이 흐르기 때문입니다. 강물에 휩쓸리면서 지식만 쌓다보면 결국 과학이라는 밀림에서 벗어나게 됩니다. 지식의 강에 놓여 있는 질문이라는 징검다리를 총총 밟고 건너야 합니다.

인류의 영역을 넓히는 힘

최고의 상상가(想像家) 한 명을 꼽으라면 저는 주저 없이 쥘 베른을 말합니다. 뭔가 새로운 것을 상상하라고 하면 우리는 보통 물리학과 생물학의 지식에서 출발하려는 버릇이 있는데 쥘 베른은 현대 생물학과 물리학의 세례를 받지 못한 사람입니다. 그는 런던의 리젠트 파크에 세계 최초의 공공 동물원이 설립된 해인 1828년에 태어나서 물리학의 '기적의 해'라고 불리는 1905년에 사망했습니다. 그런데도 그가 최고의 상상가가 된 데는 분명한 이유가 있습니다.

누구나 재밌는 발상을 하지만 아무나 경계를 뛰어넘지는 못합니다. 상식을 토대로 하고 지식의 최전선 안쪽에 머무르고 맙니다. 세상을 바꾸려면 경계를 뛰어넘어 전선을 바꿔야 합니다. 쥘 베른은 바로 경계를 넘은 사람입니다. 『해저 2만 리』(1870)에는 무한한 바다가, 『지구 속 여행』(1864)에는 무한한 땅이, 그리고 『지구에서 달까지』(1865)와 『달나라 탐험』(1869)에는 무한한 하늘이 있습니다.

최초의 물속 여행은 『해저 2만 리』 출간 이전에 이미 실현되었습니다. 1776년 미국 독립전쟁 때 달걀 모양의 잠수정 터틀이, 1863년에는 프랑스 해군 잠수함 플론져가 진수되었습니다. 터틀은 사람의 힘으로 작동한 반면, 플론져는 압축 공기를 동력으로 사용했습니다. 이것이 당시 기술의 전선이었으며 쥘 베른의 상상은 여기에서 시작했습니다. 그는 무한한 에너지를 사용하는 잠수함을 상상했습니다. 1954년 미국은 세계 최초의 원자력 추진 잠수함을 진수시켰습니다. 그 잠수함의 이름은 'SSN-571 노틸러스'입니다. 『해저 2만 리』에 나오는 노틸러스 호가 실현된 것입니다.

땅속으로의 여행은 어떨까요? 땅속에는 생명이 살 수 있는 공간이 없습니다. 공기와 물이 있기는커녕 뜨거운 용암이 흐르고 있을 뿐입니다. 하지만 쥘 베른의 생각은 달랐습니다. 쥘 베른은 '지구 공동(空洞)설'이라는 가설을 내놓습니다. 땅속은 텅 비어 있고 생각처럼 뜨겁지 않다는 것입니다. 만약 지구 내부로 갈수록 뜨거워진다면 지구는 이미 폭발했을 것이라고 그는 생각했습니다. 만약 땅속에 빈 공간이 있다면 거기에는 무엇인가가 있을 것입니다. 그렇다면 거기에는 어떻게 갈 것인가? 쥘 베른의 상상은 『지구 속 여행』을 낳았습니다.

지구 속이 비어 있다는 쥘 베른의 가설은 틀렸습니다. 당시 지식의 한계였습니다. "난 성냥과 철도와 전차와 가스, 전기, 전보, 전화 그리고 축음기가 태어나는 것을 보았다"라고 쥘 베른은 흥분해 말했습니다. 성냥과 전화기에 깜짝 놀라는 시대였던 것입니다. 그의 상상력을 낮게 보아서는 안 됩니다. 그는 당시 과학의 전선에서 한 발 더 나아가 경계를 넘었습니다. 문제는 현대를 살고 있는 우리의 상상력입니다. 쥘 베른의 19세기 생각이 21세기에도 통해서 영화 〈잃어버린 세계를 찾아서〉(2008)가 히트를 쳤습니다. 우리는 현대 과학의 전선을 돌파하는 상상은커녕 한참 뒤에서 공상을 하고 있는지도 모릅니다.

쥘 베른이 바다보다 먼저 자신의 세계로 만든 곳이 있습니

『지구에서 달까지』 삽화 속의 로켓

다. 바로 달입니다. 쥘 베른은 지구와 달 사이의 경계를 넘어 사람들을 달에 데려가려고 했습니다. 그런데 놀라운 사실이 있습니다. 자동차가 대중화되고 비행기가 발명되기 전까지 최첨단 교통수단은 배였습니다. 쥘 베른 시대에 보고된 UFO들은 하나같이 배처럼 생겼습니다. 그런데 쥘 베른은 지금과 같은 로켓의 모습을 상상해냈습니다.

SF는 '과학소설'이지 '공상(空想)과학소설'이 아닙니다. 하지만 저는 공상과학소설이라는 말을 좋아합니다. 철저한 과학소설이 뭐가 재밌겠습니까? 뭔가 새로운 생각을 담고 있어야 재미있습니다. 그렇다고 해서 정말로 공상이 되어서는 재미가 없습니다. 현실에 두 발을 딛고 서 있는 상상을 해야 합니다.

상상은 인류의 영역을 넓히는 힘입니다. 영역 확장은 전선에서 일어납니다. 전선에 한참 못 미치는 곳에서 하는 생각은 상상이 아닙니다. 그것은 잘해야 학습입니다. 반대로 현대 과학에 발을 딛지 않고 전선 너머에서 하는 생각은 막연한 공상일 뿐입니다. 상상이란 현대 과학의 최전선에서 새로운 생각을 하는 것입니다. 따라서 상상을 하려면 과학의 최전선을 알아야 합니다.

그렇다면 상상을 위해서는 꼭 과학자가 되어야 하는 것일까요? 쥘 베른은 한 인터뷰에서 이렇게 말했습니다.

"나는 과학에 특별히 열광하지 않습니다. 과학 공부를 한 적도 없고 실험 같은 것은 더더군다나 없지요. (···) 하지만 제가 엄청난 독서광이라는 건 분명하게 말씀드릴 수 있습니다."

과학에 정답은 없습니다. 과학 지식은 시대에 따라 계속 변해왔습니다. 과학 지식은 지금 인류가 내놓을 수 있는 최선의, 일시적인 답일 뿐입니다. 과학자들은 정답보다 좋은 질문에 관심이 많습니다. 물음을 던지고 논리적 과정을 따라 자신만의 답을 찾아낸다면 그것이 과학이라고 생각합니다.

관찰

보는 법이 달라지면 세상이 달라진다

"근본부터 틀렸습니다.
짐승의 세계에도 약육강식은 없습니다."

약육강식에 대한 오해

드라마 〈태조 왕건〉을 기억하시나요? KBS에서 무려 200회에 걸쳐서 방영된 대하 드라마입니다. 후삼국 시대부터 공민왕까지 고려사를 다뤘지요. 주인공은 왕건 역할의 최수종이지만 정작 드라마는 김영철이 맡은 궁예를 중심으로 펼쳐집니다. 아직도 SNS에는 김영철이 황금빛 옷을 입고 한쪽 눈에 검은 안대를 한 채 노한 표정을 하고 있는 장면이 소위 '짤' 형태로 돌아다닐 정도입니다.

"강자가 약자를 취하는 것은 생존의 본능이라고 하였소이다. 우리도 그와 같은 이치를 명심하고 힘을 더욱 크게 하지 않으면 아니 될 것이오. 보시오. 천만 년을 갈 것 같던 저 당나라도 바람 앞의 등불이올시다. 우리가 좀 더 힘을 일찍 얻고 이치를 깨달았다면 어찌 당나라를 취하지 못하겠소이까? 꿈을 가지십시다. 미륵의 큰 꿈을 가져보십시다. 그리하여 저 중원 대륙을 우리가 살아서, 우리 땅으로 만들어보십시다."

37화 때 궁예가 한 말입니다. '강자가 약자를 취하는 것은 생존의 본능'이라는 궁예의 주장을 사자성어로 표현하면 아마 약육강식이 될 것입니다. 약(弱)한 동물의 고기(肉)를 강(强)한 동물이 먹는다(食)는 말입니다. 그런데 궁금합니다. 약육강식이라는 사자성어는 어디에서 나왔을까요?

약육강식이라는 말의 저작권은 당나라를 대표하는 문장가인 한유(韓愈)에게 있습니다. 불교와 도교를 맹렬히 공격하면서 유교 중심주의를 강조한 사상가이기도 합니다.

"새들이 머리를 숙여 모이를 쪼다가도 금세 머리를 들고 사방을 둘러보는 것이나, 짐승들이 깊숙이 숨어 살다가 어쩌다 한번씩 나오는 것은 다른 짐승이 자기를 해칠까 두려워하기 때문입니다. 약한 자의 고기가 강한 자의 먹이가 되는 미개한 상태가 되풀이되고 있는 것입니다."

그런데 잘 보면 그가 말하는 약육강식은 우리가 생각하는 것과는 뉘앙스가 사뭇 다릅니다. 약육강식은 짐승의 세계에서는 당연한 자연의 이치지만 인간의 세계에 약육강식이 적용된다면 짐승처럼 미개한 상태라는 것이죠. 그러니 적어도 인간은 약육강식의 세계를 살면 안 된다고 가르치고 있습니다. 그렇죠. 우리가 짐승처럼 살아서는 안 되죠. 그런데 한유는 짐승의 세계, 즉 자연의 세계를 사뭇 오해하고 있습니다.

다큐멘터리 가운데 최장수 프로그램은 의심할 바 없이 〈동물의 왕국〉입니다. 영국의 BBC가 제작한 동물 다큐멘터리를 기본으로 하고 비슷한 다큐멘터리들을 엮은 프로그램입니다. 우리나라에서는 1970년에 시작해서 아직도 방영하고 있습니다.

〈동물의 왕국〉은 일정한 포맷이 있습니다. 초식동물과 육식동물이 등장합니다. 초식동물은 풀을 뜯어 먹으면서 살을 찌웁니다. 배가 땡땡하죠. 건기가 아니라면 부족할 것이 없는 세상을 삽니다. 이때 낮잠이나 즐기던 게으른 사자가 해가 어스름해지면 일어납니다. 허기를 느낍니다. 그들의 눈에 사바나의 영양 떼가 보입니다. 사자는 영양을 잡아 배를 채웁니다. 사자가 먹고 남긴 찌꺼기는 독수리나 하이에나의 차지가 되죠. 먹이사슬이 쉽게 이해되는 장면입니다.

빤한 줄거리를 우리는 보고 또 봅니다. 그러면서 우리도 모르는 사이에 '약육강식'은 자연의 당연한 이치라고 느끼게 되고 또 그걸 우리 인간 사회에 적용하려고 합니다. 사회진화론은 약육강식의 인간 사회 버전이죠. 1859년 찰스 다윈이 발표한 『종의 기원』은 다양한 분야에서 큰 반향을 일으킵니다. 허버트 스펜서는 찰스 다윈의 생물진화론을 인간 사회에 적용하여 사회진화론을 만듭니다.

사회진화론은 인간 사회의 본연의 모습 역시 투쟁임을 강조합니다. 강한 자가 약한 자를 누르고 그들의 자산을 취하는 것은 당연하다는 것이죠. 정말 당연할까요? 잘 판단이 되지 않는다면 사회진화론의 결과물을 볼 필요가 있습니다. 사회진화론은 인종차별주의, 파시즘과 나치즘으로 이어지거든요. 유대인 대량학살이 대표적인 결과물이죠. 우리나라에도 19세기 말 들어옵니다. 처음에는 독립운동을 하다가 몇 번의 실패 끝에 좌절을 겪은 다음에는 열등감을 갖게 되고 결국 친일파로 변절한 사람들이 주로 여기에 빠지죠. 이쯤 되면 사회진화론을 공개적으로 옹호하기는 어려울 겁니다. 대놓고 말할 수 없다는 것은 그렇게 생각하고 행동하면 안 되는 것인 줄 안다는 것이겠죠.

그렇다면 아무리 봐도 사회진화론은 틀렸다고밖에 볼 수 없을 겁니다. 아니, 자연에서는 통하는 약육강식이 인간 사회에서는 통해서는 안 되고 통할 수도 없다는 모순은 도대체 어디에서 시작된 것일까요? 근본부터 틀렸습니다. 짐승의 세계에도 약육강식은 없습니다.

아프리카 사바나 평원에서 최고 강자는 누구일까요? 사자? 아닙니다. 코끼리입니다. 사방이 바짝 마른 건기에 사자들이 겨우 고인 물을 찾아 마시고 있을 때 코끼리가 나타나면 사자들은 자리를 피합니다. 사자가 코끼리를 공격한다는 것은 티코가 덤프트럭을 들이받는 것과 같습니다. 물리적으로 공격 가능한 상대가 아닙니다. 기린, 코뿔소, 하마는 또 어떻습니까? 이들 거대 초식동물들은 먹기 위해서가 아니라 심심해서, 또는 귀찮아서 육식동물을 공격합니다.

코끼리, 기린, 코뿔소, 하마가 아프리카 평원의 강자입니다. 하지만 이들은 상대적 약자인 사자와 표범 그리고 치타를 먹지 않습니다. 이들 사이에는 약육강식이라는 말이 통하지 않습니다. 육식동물이 초식동물을 먹는 까닭은 그들이 강자여서가 아닙니다. 고기만 먹어야 하는 기구한 운명으로 태어났기 때문이지요. 초식동물은 풀을 먹을 때 위험을 감수하지 않습니다. 반면에 육식동물은 고기를 먹기 위해서는 목숨을 거는 위험을 감수해야 합니다. 그래서 최소한만 먹습니다. 배가 등짝에 붙을 때까지 참습니다. 그들도 힘이 빠지면 다른 육식동물의 먹이가 됩니다.

진정한 승자

인간을 만물의 영장(靈長)이라고 합니다. 영묘한 힘이 있는 우두머리라는 뜻입니다. 우리 인간의 주장이죠. 다른 동물들도 그렇게 생각할까요? 우두머리라면 마땅히 나머지 동물의 안전을 보살펴야 할 텐데 솔직히 그렇지는 않죠. 그렇다고 해서 인간을 다른 동물과 똑같이 취급하기도 좀 곤란합니다. 그래서인지 과학자들은 인간뿐만 아니라 꽤 많은 동물을 '영장류'로 묶었습니다.

영장류는 원숭이(monkey)와 유인원(ape)으로 구분됩니다. 기준은 간단합니다. 바로 꼬리입니다. 꼬리가 있으면 원숭이고, 꼬리가 없으면 유인원이죠. 긴꼬리원숭이나 여우원숭이처럼 이름에 원숭이가 들어가면 당연히 원숭이이고 꼬리가 없는 사람, 고릴라, 침팬지, 오랑우탄은 유인원입니다. 다만 긴팔원숭이는 유인원입니다. 긴팔원숭이는 꼬리가 없거든요. 이름이 잘못 붙은 거죠.

사람들은 원숭이보다는 유인원에 친근감을 느낍니다. 상대적으로 우리와 비슷하게 생겼고 똑똑하니까요. 7천만~4천만 년 이전에 공통조상에서 갈라선 원숭이와 달리 불과 7백만 년 전에 공통조상에서 갈라진 침팬지와 사람은 DNA의 98.8퍼센트가 일치합니다.

그런데 침팬지는 우리와 많이 다릅니다. 침팬지의 근육을 보면 어마어마하지요. 침팬지 하면 바나나 껍질을 벗겨 먹거나 나뭇가지를 흰개미 집에 쑤셔 넣은 후 딸려 나온 흰개미를 훑어 먹는 모습 정도를 상상하지만 침팬지는 때로는 아주 공격적인 동물입니다. 원숭이를 산 채로 우걱우걱 씹어 먹기도 하는 무시무시한 동물이죠.

침팬지와 달리 고릴라는 공포의 대상입니다. 고릴라는 영장류 가운데 덩치가 가장 큽니다. 수컷의 경우 뒷발로 서면 키가 2미터가 넘고, 두 팔을 벌리면 너비가 3미터에 달하지요. 몸무게는 150~290킬로그램이나 됩니다. 뒷발로 서서 이빨을 드러내고 가슴을 쿵쾅쿵쾅 두드리는 모습은 공포 그 자체입니다. 오죽하면 〈킹콩〉 같은 영화가 나왔겠습니까. 하지만 DNA는 사람과 97~98퍼센트나 일치합니다.

침팬지처럼 고릴라 집단에도 알파 수컷이 있어서 암컷을 독점합니다. 사실은 독점하려고 애쓰고 독점한다고 착각할 뿐이죠. 그 많은 수컷과 암컷을 어떻게 감시하겠어요? 알파 수컷이 보지 못하는 곳에서 비밀스러운 짝짓기가 이뤄집니다.

커다란 동물은 공통점이 있습니다. 임신 기간이 길고 한 배에 한 마리의 새끼를 낳습니다. 수명도 깁니다. 어떻게 보면 당연한 일입니다. 덩치가 클수록 포식자가 적을 것이니 물고기나 작은 동물처럼 후손을 많이 남겨서 소수가 살아남기를 기대할 이유가 없지요. 고릴라의 임신 기간은 9개월에 달합니다. 갓 태어난 새끼는 인간의 아기처럼 아무것도 못합니다. 세 살까지 어미 등에 업혀 다니면서 젖을 먹고 자랍니다. 생후 7~8년은 되어야 제법 커서 혼자 다닐 수 있습니다. 사람의 아이도 그 때가 되어야 혼자 학교에 갈 수 있는 것과 같아요. 사람과 정말 비슷하죠.

그런데 고릴라 수컷은 새끼 양육에 많은 시간과 에너지를 투자합니다. 놀라운 일이죠. 그동안 과학자들이 생각해온 수컷의 유리한 생식 전략과는 정반대입니다. 과학자들은 통상적으

고릴라 연구의 선구자 다이앤 포시와 친구인 수컷 고릴라 '디지트'.
그는 1967년 우간다에 카리소케라는 캠프를 짓고 18년간
고릴라를 관찰, 연구, 보호했습니다.

로 수컷이 유전자를 널리 퍼뜨리기 위해서는 이미 태어난 새끼에게 관심을 갖기보다는 다른 암컷을 차지하기 위한 경쟁에 몰두하는 게 더 유리하다고 여겨왔습니다. 영장류 연구의 대표적인 실험동물인 침팬지처럼 말입니다.

아프리카에 르완다라는 나라가 있습니다. 르완다가 아프리카 어디쯤 있는지는 몰라도 1990년대 투치족과 후투족 사이의 잔혹한 유혈사태를 기억하시는 분은 많을 겁니다. 아프리카 한복판에 있는 작고 험하지만 비옥한 땅의 나라지요. 르완다 볼케이노스 국립공원에서 운영하는 카리소케 연구센터는 고릴라를 연구합니다. 이들이 연구하는 고릴라에는 성격이 다른 두 집단이 있습니다.

르완다 고릴라 가운데 60퍼센트는 한 마리의 알파 수컷 고릴라가 몇 마리의 암컷으로 구성된 소규모 하렘을 지배합니다. 알파 고릴라를 제외한 수컷 고릴라는 집단에서 배제되지요. 그런데 나머지 40퍼센트의 고릴라들은 아홉 마리나 되는 수컷들이 함께 지내는 큰 집단을 구성합니다. 여기서 짝짓기에 성공하려면 암컷의 눈도장을 받아야 합니다. 짝짓기 선택권이 수컷에게 있는 게 아니라 암컷에게 있거든요.

짝짓기의 선택권이 암컷에게 있는 동물들은 매우 많습니다. 산양들은 수컷들이 서로 박치기를 해서 자신의 강인함을 암컷에게 보여줘야 하지요. 수컷 공작은 생존에 도움이 되기는커녕 포식자의 눈에 띄기 좋은 화려한 꽁지깃을 갖추어야 합니다. 뉴기니의 극락조들은 화려한 집을 짓고 구애춤을 추지요.

그렇다면 고릴라 수컷은 암컷의 선택을 받기 위해 어떤 행동을 할까요? 2018년 10월 15일자 〈네이처 사이언티픽 리포트〉에 카리소케 연구센터의 논문이 실렸습니다. 놀랍게도 짝짓기를 원하는 고릴라 수컷은 암컷이 데리고 있는 새끼와 많은 시간을 보냅니다. 누구의 자손인지 모르는 새끼를 돌보고 먹이는 것이지요. 암컷들은 새끼를 잘 돌보는 수컷과 짝짓기를 합니다.

르완다 고릴라 가운데 40퍼센트는 수컷이 새끼를 기꺼이 돌보도록 진화했습니다. 그래야 자기 유전자를 가진 후손을 남기는 데 유리했거든요. 새끼를 잘 돌보는 수컷 주변에는 새끼 고릴라들이 잔뜩 모입니다. 마치 유치원처럼 보일 정도죠. 모인 새끼들이 서로 다투는 일은 늘 일어나기 마련입니다. 이때 수컷은 어린 개체와 공격받은 개체를 보호합니다. 새끼들은 아빠(?) 곁에서 사회의 규칙을 배우는 것이죠. 그러다가 새끼들은 점차 엄마의 잠자리가 아니라 아빠의 잠자리에서 자게 됩니다. 이게 바로 고릴라에게는 자립의 증거입니다.

참새도 관찰을 한다

강화도에서는 빗살무늬토기가 많이 발견되었습니다. 삼엽충이 나오면 고생대 지층입니다. 암모나이트는 중생대의 표준화석이죠. 마찬가지로 빗살무늬토기는 신석기 시대의 상징입니다. 강화도는 농사의 역사가 오래된 곳이라는 걸 알 수 있습니다. 빗살무늬토기가 나왔다는 것은 농사를 지었다는 뜻이거든요. 지금도 넓은 평야를 볼 수 있는 곳입니다. 논만 해도 거의 90평방킬로미터나 됩니다.

요즘은 별로 신경을 쓰지 않지만 불과 20~30년 전만 해도 벼농사의 골칫거리는 피와 메뚜기 그리고 참새였습니다. 1990년대의 한여름 논에서는 피사리를 하는 농부를 많이 볼 수 있었습니다. 벼와 함께 자라는 피를 뽑아내는 작업을 피사리라고 합니다. 요즘은 일손이 부족해서인지 피사리를 하지 않고 그냥 놔두더군요. 그렇다고 해서 피를 따로 수확해서 피죽이라도 끓여 먹으려고 하는 것은 아니고요.

제가 어릴 적만 해도 메뚜기 잡으러 논에 많이 갔죠. 벼를 갉아 먹는 메뚜기를 잡는 일은 신나는 일이었습니다. 간혹 메뚜기에 정신이 팔려 벼를 짓밟아 망가뜨려서 논 주인에게 혼쭐이 나는 경우도 있었지만 메뚜기를 잡으면 대개 칭찬을 받았습니다. 그만큼 피해가 컸습니다. 오죽하면 "메뚜기도 한철이다"

라는 역설적인 속담이 있겠어요. 실제로 수명이 6개월에 불과하기는 하지만 메뚜기 피해도 시간이 해결해준다는 위로의 말일 겁니다.

하지만 이젠 메뚜기 찾아보기가 힘들어졌습니다. 병충해를 예방하기 위해 농약을 살포하기 때문이죠. 이젠 오히려 "우리 동네 논에는 메뚜기가 많아요"라는 문구를 내걸고 축제를 열기도 합니다. 친환경 쌀이라는 것을 강조하기 위해서죠. 쌀 포대에 메뚜기를 그려 넣기도 합니다.

옛이야기에서 제비는 좋게 묘사됩니다. 제비는 반가운 여름 철새입니다. 사실 제비도 크게 보면 참새입니다. 참새목 제비과에 속하니까요. 농부들이 제비를 반긴 데는 이유가 있습니다. 제비는 식물의 이파리나 곡물 대신 곤충을 잡아 먹는 식충 조류이기 때문입니다. "제비가 낮게 날면 비가 온다"는 속담이 있습니다. 맞는 말입니다. 습도가 높아지면 몸이 무거워진 곤충들이 낮게 날거든요. 습한 날에는 제비도 곤충을 추격하느라 덩달아 낮게 나는 겁니다. 요즘은 제비 보기가 어렵습니다. 농약이 제비 몸 안에 축적되면서 제비 알이 얇아져 부화하기 힘들어졌기 때문입니다.

문제는 참새입니다. 참새도 여름에는 해충을 잡아 먹습니다. 그런데 참새는 텃새입니다. 사시사철 우리나라에서 살죠.

벌레가 적어지고 곡알이 무르익을 때가 되면 굳이 잡기 힘든 벌레 대신 잘 여문 곡알을 먹습니다. 참새 한 마리가 가을에 먹는 곡식은 무려 125그램이나 됩니다. 어떻게든 참새를 내쫓는 게 농촌에서는 큰일이었습니다. 참새 쫓느라 숙제를 못 하거나 아예 결석하는 친구들도 있을 정도였으니까요.

"아니! 그깟 참새를 쫓으라고 애를 학교에 안 보낸단 말이야! 그 동네는 허수아비도 없나!"라며 분개하시는 분이 계실지 모르겠습니다. 요즘이야 큰 비에 벼가 쓰러져도 다시 묶어 일으켜 세우는 일도 드물지만 당시에는 '그깟' 참새가 아니었습니다. 벼농사에 온 가족의 생계가 달려 있었으니까요. 그리고 허수아비 따위에 참새가 속을 정도로 멍청하지는 않습니다. 허수아비에 습관화가 되어버리기 때문입니다.

습관화는 모든 동물에게 일어나는 일입니다. 달팽이 실험이 잘 보여주죠. 달팽이가 유리판 위를 기어갈 때 판을 두드리면 달팽이는 얼른 자기 집으로 들어가서 몸을 숨깁니다. 겁이 난 달팽이는 한참 뒤에야 몸을 다시 드러내죠. 이때 다시 판을 두드리면 달팽이는 다시 집으로 들어갑니다. 하지만 이번에는 몸을 드러내는 데 걸리는 시간이 처음보다는 짧습니다. 같은 과정이 반복될수록 움츠린 달팽이가 다시 움직일 때까지 걸리는 시간이 점점 짧아집니다. 결국 나중에는 유리판을 아무리 두드려도 달팽이는 아무런 반응을 보이지 않습니다. 유리판을 두드리는 자극에 달팽이가 익숙해졌기 때문이죠. 달팽이는 유리판을 두드리는 자극 후에 아무런 일도 일어나지 않는다는 사실을 학습한 것입니다.

참새가 허수아비 따위는 무시하고 마음 편하게 벼를 쪼아먹는 이치도 같습니다. 허수아비는 결국 아무것도 하지 않는다는 것을 금방 학습했기 때문이죠. 강화도에 가보니 논에 맹금류 연을 두었더군요. 멀리서 보면 정말로 솔개나 황조롱이가 논 위를 날아가는 것처럼 보였습니다. 처음엔 저도 착각할 정도로 감쪽같았습니다. 그렇다면 강화도 농민들의 작전은 성공할까요? 이미 결과가 나온 실험이 있습니다.

참새목 되새과에 속하는 푸른머리되새에게 살아 있는 금눈쇠올빼미를 보여주었더니 달팽이 같은 반응을 보였습니다. 맨 처음 올빼미를 발견한 되새는 동료들에게 경고 신호를 보냈지요. 하지만 올빼미가 아무런 공격을 하지 않자 되새들이 내는 경고음이 점차 줄었고 열흘이 지나자 아예 올빼미에게 관심을 보이지 않았습니다.

습관화는 동물에게 엄청난 이점이 있습니다. 불필요한 걱정과 행동을 줄일 수 있으니까요. 덩달아 에너지 소비도 줄어들죠. 쓸데없는 일에 에너지를 낭비하지 않으면서 삶의 본질에 집중할 수 있게 해주는 게 바로 습관입니다. 이게 습관의 본질이지요. 그런데 우리 인간들은 오히려 삶에 방해가 되는 습관을 많이 갖고 있는 것 같습니다. 쓸데없이 걱정하고 쓸데없이 참견하고 쓸데없이 에너지를 낭비하는 습관 말입니다. 걱정하고 참견하고 낭비해봐야 소용없다는 걸 잘 알면서도 버리지 못하죠.

익숙한 상식을 내려놓고 세상을 관찰해보세요. 전에 보이지 않던 것이 보일 겁니다. 인간 호모 사피엔스도 참새 파서 몬타누스(Passer montanus)에게 배울 게 있습니다.

13일의 금요일

13은 원래 우리에게는 별로 두려운 숫자가 아니었어요. 죽을 사(死)와 발음이 같은 4가 불길한 숫자였죠. 아직도 4층을 F층으로 표시한 건물들이 많이 있습니다. 서양과 교류가 많다보니 우리도 슬슬 13을 불길하게 여기게 되었습니다.

실제로 13과 관련해서 안 좋은 일이 종종 발생했어요. 1969년 7월 20일 아폴로 11호가 달 착륙에 성공했습니다. 아폴로 프로젝트는 17호까지 이어졌어요. 그런데 하필 13호만 실패를 했어요. 달을 향해 가는 도중에 산소 탱크가 폭발하는 바람에 달로 가는 일을 포기하고 목숨을 건 사투 끝에 겨우 지구로 귀환할 수 있었죠. 예수의 '최후의 만찬' 이야기도 많이 합니다. 열두 제자와 예수를 합하면 모두 열세 명이었거든요. 그러다보니 13에 대한 공포증도 생겼습니다. 13을 뜻하는 그리스어 트리스카이데카(Triskaideka)와 공포증을 뜻하는 포비아(phobia)를 합쳐서 '트리스카이데카포비아'라고 합니다.

서양에서는 금요일도 불길한 날로 여깁니다. 이건 이해가 됩니다. 실제로 금요일에는 온갖 사고가 많이 나거든요. 주로 밤에 말입니다. 음주운전, 폭력, 강간과 살인 같은 사건이 많이 나요. 불타는 금요일 밤이니까요.

'13일의 금요일'은 공포가 배가되는 날이죠. 이유가 있어서 싫은 날, 위험한 날이 되는 게 아니라 일단 싫고 위험한 날로 정한 다음에 그 이유를 찾습니다. 사람들은 근거를 댑니다. 예수가 처형당한 날이 금요일이라고 말입니다.

그런데 당시 히브리 지방에서는 지금과 같은 달력을 쓰지 않았습니다. 물론 예수를 처형한 로마군의 달력, 즉 율리우스력은 지금 우리가 사용하는 요일과 같은 요일이 표시되어 있었지만, 그 날짜는 어디에도 정확히 기록되어 있지 않습니다. 예수가 처형당한 날이 금요일이라는 근거는 3일 만에, 정확히 말하면 3일째에 부활했는데 부활절이 일요일이니, 처형당한 날은 금요일이라는 겁니다. 그런데 예수의 부활절은 4세기에야 정해집니다. 게다가 부활절은 특정한 날이 아니고 '춘분이 지나고 보름달이 뜬 후 오는 첫 번째 일요일'이죠. 덕분에 부활절은 3월 22일에서 4월 25일 사이를 왔다 갔다 합니다.

혹자는 템플 기사단의 파멸과 관련 있다고 주장합니다. 그 날이 1307년 10월 13일 금요일이었거든요. 풉! 서양 사람들 가운데 템플 기사단을 아는 사람이 몇이나 된다고요! 템플 기사단을 아는 사람의 99퍼센트는 댄 브라운의 소설 『다빈치 코드』에서 그 단어를 처음 봤을 겁니다.

달력은 지구의 자전과 공전을 바탕으로 이루어집니다. 지구는 인간들의 반응에 관심이 없습니다. 지구는 달력이 있는지도 모르죠. 그냥 자기 하던 대로 움직입니다.

13일의 금요일은 자주 옵니다. 매달 1일이 일요일이면 그달의 13일은 반드시 금요일이죠. 확률적으로는 7개월에 한 번씩 옵니다. 2020년에는 3월과 11월이죠. 2021년에는 8월에 한 번 있습니다. 모든 날이 마찬가지입니다. 예를 들어 9일의 목요일이나 25일의 수요일도 같은 확률로 오게 됩니다.

13일이든 금요일이든 우리가 걱정할 일은 없습니다. 다만 쓸모는 있습니다. 13일의 금요일에 2차, 3차를 가자고 강요하는 상사가 있다면 "오늘이 13일의 금요일이라서요. 조심해야 할 것 같아요"라고 말하면서 자리를 일찍 파하는 핑계로 삼으세요.

모험심

스스로 인생을 개척해나가는 능력

"쓸데없는 일을 잔뜩 하지 않으면
새로운 것은 태어나지 않습니다."

화성에서 보낸 15년

스피릿과 오퍼튜니티는 쌍둥이 형제 로버(움직이는 탐사 로봇)입니다. 미항공우주국(NASA)의 화성 탐사 프로그램의 일원입니다. 지금까지 인류가 도달할 수 있었던 가장 먼 곳은 달입니다. 지구에서 달까지의 거리는 무려 38만 킬로미터. 지구 지름의 30배에 해당하고, 1초에 지구를 일곱 바퀴 반이나 도는 빛이 도달하는 데도 1.3초가 걸리는 곳입니다. 하지만 스피릿과 오퍼튜니티가 간 화성은 달보다 훨씬 먼 곳입니다. 지구와 가장 가까이 있을 때도 무려 5,460만 킬로미터. 빛의 속도로 여행해도 무려 3분 2초가 걸립니다.

스피릿과 오퍼튜니티는 2003년 6월 10일과 7월 7일에 각각 길을 나섰습니다. 화성에는 2004년 1월 4일과 25일에 도착했습니다. 오퍼튜니티가 착륙한 곳은 메리디아니 평원의 이글 크레이터 곁이었습니다. 3주 전에 스피릿이 착륙한 곳과는 정반대편입니다. 두 로버는 높이가 1.5미터, 길이는 2.3미터, 무게는 180킬로그램입니다. 골프 전동 카트 정도라고 생각하면 됩니다. 메인 컴퓨터는 IBM RAD6000. 20MHz의 CPU, 128MB의 DRAM, 256MB의 플래시 메모리를 가지고 있습니다. 이제는 박물관에서나 구경할 수 있는 추억의 모델입니다.

두 로버의 기본 임무는 90일 동안 흙과 암석을 조사하고 화

또 다른 탐사 로버 '큐리오시티'가 화성에서 촬영한 자신의 모습

성의 풍경을 찍어서 지구에 보내는 일입니다. 여기에 필요한 다양한 카메라, 분광기 등을 장착했습니다. 그중 가장 중요한 임무는 화성에서 물의 흔적을 찾는 일입니다. 화성에도 지구처럼 생명체가 존재할 수 있다는 증거를 찾으려 한 거죠.

스피릿은 화성에 도착하자마자 플래시 메모리에 에러가 발생했습니다. 이틀간 통신이 두절됐습니다. 어떻게 해야 할까요? 스피릿은 자신을 만든 과학자를 비롯한 만민이 공통적으로 사용하는 해결책을 작동했습니다. 그건 바로 재부팅! 8일 동안 스스로 껐다 켰다 하기를 66번을 반복했습니다. 사투 끝에 다시 살아났습니다. 스피릿은 2006년 4월 6일 앞바퀴가 작동을 멈추자 그때부터는 후진으로 뒷걸음질치며 탐사했습니다.

오퍼튜니티는 화성 내부를 관찰하기 위해 과감하게 인듀런스 크레이터 내부로 들어가 6개월 동안 탐사했습니다. 여기서 메리디아니 평원이 물에 잠겼다가 다시 말랐던 흔적을 발견했습니다. 화성에 물이 있었다는 지질학적 증거를 수집한 것입니다. 2005년 1월 오퍼튜니티는 인듀런스 크레이터를 빠져 나온 후 거의 1년 전 자신이 착륙할 때 분리된 방열판을 지나치다가 바로 옆에서 이상한 암석을 발견했습니다. 화성 암석과는 현저히 달랐습니다. 그것은 화성 표면에서 최초로 발견된 운석이었습니다.

2004년 10월 13일 오퍼튜니티 카메라에 서리가 끼었습니다. 11월 17일에는 구름을 발견했습니다. 다음날에는 구름이 더 짙어졌습니다. 하지만 스피릿 카메라에는 서리가 끼지 않았고 구름도 찍히지 않았습니다. 양쪽의 기후가 달랐던 것입니다. 과학자들은 두 로버가 보내는 황량하지만 아름다운 사진에 눈이 멀었습니다.

오퍼튜니티의 다음 목표는 인듀런스보다 지름이 8배 정도 큰 빅토리아 크레이터였습니다. 겨우 6킬로미터 떨어진 곳이지만 초속 5센티미터로 움직이는 오퍼튜니티에게는 가혹하게 먼 곳이었습니다. 오퍼튜니티가 느리게 움직인 데는 이유가 있습니다. 워낙 무거운 데다가 오로지 태양 에너지로만 작동하기 때문입니다.

거리나 경사보다 무서운 것은 모래였습니다. 태양 전지판에 모래가 덮이면 꼼짝하지 못했습니다. 하지만 모래폭풍이 태양 전지에 쌓인 모래와 먼지를 깨끗이 날려준 덕분에 임무를 계속할 수 있었습니다.

스피릿은 2009년 5월 트로이 크레이터에서 바퀴가 모래에 빠져 움직이지 못했습니다. 구출작전은 실패했고 2010년 1월 그의 임무는 종료됐습니다. 스피릿과 오퍼튜니티는 과학자들이 예상한 90일보다 훨씬 오래 생존했습니다.

오퍼튜니티가 촬영한 사진.
오퍼튜니티의 바퀴 자국과 모래폭풍의 모습이 담겨 있습니다.

2018년 6월 모래폭풍으로 작동이 정지된 오퍼튜니티는 이후 침묵하고 있습니다. 2019년 2월 13일 NASA는 15년 동안 45킬로미터를 탐험한 오퍼튜니티에게 작별을 고했습니다.

쓸데없는 일을 잔뜩 하지 않으면

매년 노벨상의 계절이 되면 피곤한 질문을 받습니다.

"우리나라는 언제 노벨상을 받게 될까요?"

지난 15년간 단 한번도 이 질문을 받지 않고 넘어간 해는 없습니다. 여기에 대한 제 대답은 15년간 바뀌지 않았습니다.

"앞으로 10년 동안 못 받을 겁니다."

이런 부정적인 대답에 달가워할 방송 진행자는 없습니다. "왜 그렇죠?"라고 따져 묻기 마련입니다. 혹시 과학자가 부족한 걸까요? 설마요! 우리나라는 과학자들이 넘쳐납니다. 전문가가 없는 세부 분야가 없을 정도로 과학자들이 촘촘하게 존재합니다. 심지어 일자리가 없는 과학자들도 수없이 많습니다.

그렇다면 연구비가 없어서 그럴까요? 역시 아닙니다. 우리나라 연구비는 액수로만 따져도 세계 4~5위권에 속합니다. GDP 대비 R&D 예산은 세계 1위입니다. 적어도 연구비로만 보면 세계 최고 수준입니다. 돈이 얼마나 효율적으로 쓰이는지 또는 기초과학에 얼마나 쓰이는지는 또 다른 문제입니다. 그건 다른 나라도 마찬가지일 테니 적어도 연구비가 없어서 노벨상을 못 받는 것은 아닐 겁니다.

혹시 과학자들이 열심히 하지 않는 것은 아닐까요? 이런 의심을 할 만합니다. 오죽하면 국회 국정감사에서 "박정희 대통령이 과학기술 입국이라는 꿈으로 53년 전 한국과학기술원 만들어줬으면 지금쯤 되면 노벨 과학상 나와야 하잖아요!"라는 질타가 나왔겠습니까. 과학자들의 노력이 부족하고 마음가짐이 잘못됐기 때문이라는 겁니다.

그런데 천만의 말씀입니다. 우리나라 과학자들은 너무 열심히 하는 게 탈입니다. 우리나라 과학자들은 치열한 경쟁에서 살아남기 위해 쉬지 않고 연구할 수밖에 없습니다. 그리하여 연구 과제에 지나치게 몰두합니다. 이게 바로 문제입니다.

"쓸데없는 일을 잔뜩 하지 않으면 새로운 것이 태어나지 않습니다."

최근 일본의 과학기술력이 떨어지고 있는 게 아니냐는 질문이 나오자 2019년 노벨 화학상 수상자인 요시노 아키라가 한 대답입니다. 그는 이렇게 말합니다.

"기초 연구는 열 개 중 한 개가 맞으면 좋은데, 지금은 쓸데없는 부분만 문제 삼아서 예산을 깎습니다. 쓸데없는 일을 잔뜩 하지 않으면 새로운 것은 태어나지 않습니다. 무엇에 쓸 수 있는지 따지지 말고 자신의 호기심에 근거해 새로운 현상을 열심히 찾아내는 게 필요합니다."

한국연구재단이 최근 10년간 노벨상 수상에 기여한 핵심 논문을 조사했습니다. 수상자의 나이는 평균 57세였습니다. 핵심 논문 생산에 17년이 걸렸고 그 후 노벨상을 받을 때까지 14년이 걸렸습니다. 연구를 시작해서 노벨상을 받을 때까지 31년의 시간이 필요한 셈입니다. 그들은 대부분 17년간 쓸데없는 일을 하면서 무수히 많은 실패를 거듭하던 사람들입니다.

우리가 노벨상을 못 받는 결정적인 이유가 이것입니다. 쓸데없는 일을 거듭하는 경험을 하지 못했습니다. 3년 안에 쓸모 있는 것을 찾아내는 연구를 강요하는 사회에서는 쓸데없는 일을 할 틈이 없습니다. 그 쓸데없는 게 수십 년이 지나면 쓸모가 생기는 법이고 노벨상도 타게 되는데 말입니다. 쓸모없는 연구를 용인하지 않는 사회는 노벨 과학상을 받을 자격이 없습니다.

2019년 노벨 물리학상 수상자인 스위스의 천체물리학자 미셸 마요르 박사는 77세입니다. 그는 30여 년간 외계행성을 찾아 헤맸습니나. 스위스 유럽입사물리연구소(CERN)에서 그의 콜로퀴움에 참석했던 박인규 서울시립대 물리학과 교수는 "아, 저렇게 재미없는 일을 평생 하다니…"라며 감명을 받은 소회를 밝혔습니다.

과학은 쉬운 게 아닙니다. 과학 연구는 전혀 신나는 과정이 아닙니다. 어렵고 지루합니다. 똑똑함보다는 끈기가 더 필요합니다. 우리나라가 노벨 과학상을 받지 못하는 까닭은 과학자들의 노오력이 부족해서가 아니라 믿고 기다려주는 우리의 끈기가 부족하기 때문은 아닐까요.

청소로 돕고 있다

2019년은 유엔이 정한 '화학원소 주기율표의 해'였습니다. 멘델레예프가 주기율표를 만든 지 150주년이 되는 해이기 때문이죠. 하지만 잠잠했습니다. '수헬리베붕탄질산'으로 시작하는 주기율표에 흥미를 갖는 사람은 별로 없거든요. 오히려 달 착륙 50주년을 기념하고자 하는 열기가 더 뜨거웠습니다.

당시 아폴로 11호에는 세 사람이 타고 있었습니다. 아폴로 11호의 선장 닐 암스트롱의 이름을 모르는 사람은 없습니다. 그렇죠. 인류 최초의 우주인 유리 가가린과 최초의 달 착륙자 닐 암스트롱의 이름은 보통명사와 다를 바가 없습니다. 두 번째로 달 표면을 밟은 버즈 올드린의 이름도 널리 알려졌습니다. 물론 여기에는 미국 애니메이션 〈토이 스토리〉가 큰 몫을

사령선 컬럼비아호에서 찍은 사진.
사령선에서 분리되어 달 표면으로 내려가는 착륙선 이글호,
달, 그리고 저 멀리 지구가 보입니다.

했습니다. 약간 단순하지만 패기 있는 우주인 장난감 '버즈'는 그의 이름에서 따온 것이죠.

아폴로 11호 우주인 가운데 세 번째 사람의 이름이 기억나시나요? 세 번째 사람은 달에 내리지 못했습니다. 그는 사령선 컬럼비아호의 조종사였습니다. 닐 암스트롱과 버즈 올드린이 달에 내려 걸어보고 성조기를 꽂고 사진을 찍고 시료를 채취하는 동안 달의 뒤편에서 뜨거운 커피를 마시면서 기다리고 있었죠. 그의 사명은 중요했습니다. 달에 내린 두 사람을 안전하게 지구로 데려와야 했으니까요. 그 사람의 이름은 마이클 콜린스였습니다.

아폴로 11호의 달 여행은 닐 암스트롱의 말처럼 "한 명의 인간에게 있어서는 작은 한 걸음이지만, 인류에게 있어서는 위대한 도약"이었습니다. 세 영웅 뒤에는 수많은 사람들의 노력과 헌신이 있었습니다. 많은 사람들의 이름이 잊혀졌습니다. 특히 여성의 이름은 찾아보기 힘듭니다. 하지만 잘 아시잖아요. 결정적인 순간에는 항상 여성이 있었다는 것을 말입니다.

1969년 7월 20일, 휴스턴, 15시 06분. 착륙선 이글호가 사령선 컬럼비아호에서 분리된 지 세 시간이 지났을 때입니다. 이글호의 하강엔진이 감속하기 시작했을 때 '삑삑삑삑' 경고음과 함께 '1202'라는 오류번호가 컴퓨터 모니터에 떴습니다. 아폴로의 세 우주인은 물론이고 휴스턴 통제소 사람들도 1202가 무엇을 뜻하는지 몰랐습니다. 휴스턴에서 2,500킬로미터 떨어진 MIT 공대의 마거릿 해밀턴만 알고 있었습니다.

당시에는 최상의 컴퓨터 성능이 요즘 우리가 쓰는 스마트폰의 1,000분의 1도 안 되었습니다. 심지어 '소프트웨어'라는 말도 없었을 때입니다. NASA는 MIT에 우주선의 위치와 속도를 계산하는 프로그램을 요청했습니다. 3년 뒤에는 자동조종 기능을 추가해달라고 요청했죠. 이때 MIT는 마거릿 해밀턴이라는 풋내기 직원에게 긴급 대피 프로그램을 맡깁니다. 사용될 일이 없는 기능이라고 여겼기 때문입니다.

마거릿 해밀턴은 조종사들이 실수할 수 있듯이 프로그래머도 실수할 수 있다고 믿었습니다. 만약 컴퓨터가 제대로 작동하지 않는다면 재부팅하고 우주비행사의 생명과 직결되는 중요한 프로그램만 다시 실행하는 기능을 삽입했습니다. 그리고 이것을 알리는 경고 번호를 정했지요. 그것이 바로 1202였습니다. 만약에 1202가 없었다면 어떤 일이 벌어졌을까요? 아폴로 11호의 컴퓨터는 결정적인 순간에 꺼졌을 것입니다. 달 착륙 시도는 중단되고 아폴로 11호는 다시 지구로 귀환해야 했습니다.

자동조종 기능을 계획할 때 우주비행사들은 반대했습니다.

마거릿 해밀턴은 '소프트웨어 엔지니어링'의 개념을 만든 사람 중
하나입니다. 그가 코드를 노트에 적어서 넘기면 재봉사들이
구리선을 코일에 통과시켜 프로그램을 짰다고 합니다.

컴퓨터 따위에 의존하지 않고 반드시 자기 손으로 조종해야 한다고 믿었습니다. 조종사의 자존심이었습니다. 이들은 심지어 아폴로 11호가 출발하면 컴퓨터를 꺼버릴 거라고 이야기하기까지 했습니다.

이글호가 착륙하기 위해 고도 3천 미터까지 하강했을 때 암스트롱은 달 표면을 보고 깜짝 놀랐습니다. 수많은 운석 구덩이와 바위가 보였기 때문이죠. 암스트롱은 '자세고정' 모드를 켰습니다. 컴퓨터에 의존하기로 한 것입니다. 그리고 자신은 수평 이동만 조종했습니다. 마침내 가로세로 30미터 정도의 적당한 착륙 장소를 찾아 안전하게 착륙했습니다. 그리고 침착하게 근사한 말을 합니다. "휴스턴, 여기는 고요의 바다 기지다. 이글호는 착륙했다." 하지만 속마음은 정말 초조했을 것입니다. 이때 착륙용 연료는 단 20초 분량만 남아 있었거든요.

아폴로 영웅들이 비웃었던 자동조종 프로그램이 없었다면 아폴로 11호의 영광은 없었습니다. 프로그램을 한 땀 한 땀 기록했던 여성 노동자들의 노력이 없었다면 우리는 달 착륙 50주년을 기념하지 못했습니다. 세 영웅 뒤에는 무려 40만 명이 있었습니다. 1962년 케네디 대통령이 NASA를 방문했을 때 복도에서 빗자루를 든 청소 노동자를 만났습니다. 케네디는 그에게 물었습니다.

"어떤 일을 하십니까?"

그가 대답했습니다.

"인류를 달로 보내는 일을 돕고 있습니다!"

우리나라는 이공계 박사의 75퍼센트가 비정규직으로 사회생활을 시작합니다. 비정규직이 어떻게 모험적인 연구를 하겠습니까. 지금 당장 자기 일자리도 없는데요. 우리가 노벨상을 받고 싶다면 뭘 해야 할까요? 간단합니다. 과학자들에게 안정적인 일자리를 주면 됩니다.

현실적인 목표

나는 어디에 있는가

"평생의 목적지 같은 것은 없어요. 오늘의 목적지,
이번 주의 목적지, 이번 달, 좀 거창하게 올해의 목적지 정도죠."

얼른 포기하거나

몇 달 전 심장에 문제가 생겼습니다. 심장에 문제가 생긴 이후에 꾸준히 걸으면서 석 달 사이 체중을 10킬로그램 정도 줄였지만 여전히 살짝 비만인 상태입니다. 열심히 걷다보니 당뇨 수치도 매우 좋아지긴 했지만 여전히 아침저녁으로 당뇨 약을 먹습니다. 이렇게 말하면 제 건강에 무슨 큰일이나 있는 것 같지만 저는 어렸을 때부터 지금까지 항상 건강한 편입니다.

제가 비만인 몸매와 당뇨라는 질병을 갖고서도 나름 건강하게 사는 비결에 대해 친한 의사들은 공통적으로 이렇게 말합니다. "정모, 너는 남에게 스트레스를 주는 타입이지 자기가 스트레스를 받는 사람이 아니야." 저도 동의합니다. 저는 별로 스트레스를 받지 않습니다. 항상 목표를 높게 잡지 않고, 또 하다가 안 되면 얼른 포기하거나 목표를 조정합니다. 다른 사람이 주는 스트레스도 제게는 잘 통하지 않습니다. 머리가 나빠서 그래요. 누가 기분 나쁜 이야기를 해도 금방 잊어요. 아니면 '저 사람은 그렇게 생각하나보지 뭐. 그래서 어쩌라고?' 하고 넘어가곤 합니다.

스트레스에 대해 모르는 사람은 없습니다. 다들 스트레스를 받고 사니까요. 그런데 스트레스를 제대로 이해하는 사람도 별로 없어요. 그게 정확히 뭔지 잘 모르기 때문입니다. 의사들은

'몸이 해로운 자극을 받을 때 발생하는 심리적 또는 육체적인 피로'라고 정의합니다. 북한에서는 '심적 고통'이라고 번역한다는데 적당한 용어는 아니에요. 실제로 육체적인 고통도 있으니까요.

제가 고등학교 때 받은 가장 큰 스트레스는 '로빙 볼 캐치'였습니다. 높이 날아 온 공이 땅에 닿는 순간 발로 밟아서 정지시키거나, 발목으로 받아서 제 발 아래 얌전히 떨어트리는 기술이죠. 볼을 지배하는 데 가장 중요한 기술입니다. 그런데 이게 연습하기가 어려워요. 일단 누가 높이 로빙 볼을 차주어야 하잖아요. 친구들에게 부탁하면 적어도 제가 받을 수 있는 곳으로 차줘야 하는데 엉뚱한 데로 차기 일쑤입니다. 친구들에게 짜증을 내죠. 그 착한 친구들은 속으로 부글부글 끓지만 어쨌든 자기가 제대로 차주지 못했으니 군소리 못하고 계속 공을 차줍니다. 그러다가 제가 받을 수 있게 제대로 찼을 때는 제가 제대로 받지 못하지요. 당연합니다. 못 하니까 연습하는 거잖아요. 이때 친구들이 폭발합니다. 제게 핀잔을 주고 욕하죠. 결국 서로 뾰로통해져서 헤어지곤 했습니다.

로빙 볼 캐치 연습하느라 스트레스를 받았습니다. 몸과 마음이 피곤해졌죠. 뭘 해야 할까요? 그렇습니다. 잠을 자야 합니다. 몸과 마음의 피곤을 씻어주는 것은 잠뿐입니다. 이때 더 큰 스트레스가 발생합니다. 고등학생 주제에 실컷 놀다가 들어와서는 잠부터 잘 생각을 하니 엄마는 얼마나 속이 부글부글 끓겠습니까? 스트레스를 받은 엄마가 제게 지청구를 늘어놓습니다. 이때 꼭 옆집 철수 이야기를 하지요. 아니, 철수 그 자식은 왜 그렇게 방학 때 열심히 공부만 하는 걸까요?

몸은 잠을 자라고 하는데, 마음도 자려고 하는데, 엄마가 자지 못하게 합니다. 어떻게 해야 할까요? 전국의 고등학생들이 모두 알고 있는 해결법이 있죠. 책상에 앉아서 책을 폅니다. 어떻게든 책을 보려고 노력합니다. 이왕이면 자기가 싫어하는 과목이 좋습니다. 자기도 모르게 잠이 듭니다. 책상에 엎드려 자느라 몸은 피곤하지만 어쨌든 잠을 자면서 몸과 마음의 스트레스를 풀 수 있습니다. (엄마의 스트레스는 더 커질 수 있습니다만 지금 그게 중요한 게 아니죠.)

잠은 중요합니다. 그렇다면 당연히 잠을 연구하는 학문도 있겠지요. 주로 신경과학자들이 수면, 즉 잠을 연구합니다. 최근 20년 동안 잠에 대한 연구 결과가 폭발적으로 쏟아졌습니다. 잠을 잘 자면 수명이 늘어나고 기억력이 강화되고 창의력이 높아집니다. 몸매가 날씬해지고 식욕도 줄어들죠. 심지어 암과 치매도 예방합니다. 감기와 독감을 막아주는 것은 물론이고 심장마비와 뇌졸중과 당뇨의 위험도 줄여줍니다. 행복한 기분은 높아지고 우울하고 불안한 기분은 줄어듭니다. 이 글을 읽는 젊은 친구들 가운데는 심장마비, 뇌졸중, 당뇨를 걱정하는 경우는 거의 없을 거예요. 하지만 기억력과 창의력에 관한 내용은 관심이 갈 겁니다.

잠을 연구하는 세계적인 신경과학자로 『우리는 왜 잠을 자야 할까』라는 책을 쓴 매슈 워커는 잠 전도사를 자처합니다. 그는 공부를 시작하기 전에 반드시 잠을 자야 한다고 말합니다. 그렇다고 해서 생활계획표를 짤 때 공부 시간 전에 잠자는 시간을 넣으라는 뜻은 아닙니다. 우리는 매일 밤에 잠을 자잖아요. 바로 그것을 말하는 것입니다. 과학적인 근거가 있습니다.

우리는 깨어 있는 동안에 이름, 주소, 전화번호 같은 단순한 것부터 복잡한 수식과 문장까지 수많은 새로운 정보를 뇌에 입력합니다. 스쳐가는 기억입니다. 이것을 담당하는 뇌 부위는 해마입니다. 해마는 뇌 깊숙한 곳에 있습니다. 해마는 단기 저장소입니다. 그런데 용량이 작아요. 하드 드라이브가 아니라 USB입니다. 용량을 초과하면 앞에 있던 메모리는 지워지고 새로운 내용이 기억됩니다.

어떻게 해야 할까요? 해마에 있던 단기 기억을 대뇌 겉질(피질)에 있는 장기 기억 장소로 옮겨야겠죠. 시간이 필요한 일입니다. 다른 일을 하면서 할 수 있는 일이 아니에요. 잠을 잘 때 일어납니다. 잠은 뇌의 학습용량을 복구하고 새로운 기억이 들어올 수 있는 공간을 마련해줍니다. 과학자들의 연구 결과에 따르면 잠을 여덟 시간 이상 자야 이 모든 과정이 원활하게 이루어진다고 합니다. 최소한 여섯 시간입니다.

제가 고등학교 다닐 때는 대학 수석 입학자들의 인터뷰가 신문에 실리곤 했습니다. 그들의 비결은 한결같았어요. “잠은 최소한 여섯 시간씩 충분히 잤고요. 무엇보다도 학교 수업 시간에 집중했습니다.” 예전에는 다 뻥인 줄 알았어요. 그런데 아니더라고요. 정말입니다. 잠은 적어도 여섯 시간은 자야 하고요. 학교 수업 시간이 제일 중요해요.

자, 이제 가슴에 손을 얹고 생각해봅시다. 수면 과학자들이 말하는 것처럼 여덟 시간 이상 충분히 자나요? 그렇지 않죠? 대부분 밤에 여덟 시간은커녕 여섯 시간도 제대로 자지 못합니다.

요즘 우리의 수면을 방해하는 주범은 청색 LED입니다. 2014년 노벨 물리학상을 받은 바로 그 기술이죠. 이미 개발되어 있던 적색, 녹색 LED에 이은 청색 LED의 개발로 드디어 모든 색을 다 만들어낼 수 있게 되었습니다. 또한 LED만으로 흰색 불빛을 만들게 되었죠. 덕분에 전기가 조금만 필요한 전등과 TV가 개발되었습니다. 태블릿 PC와 스마트폰도 화면을 LED로 바꾸게 되었습니다.

그런데 청색 LED 불빛은 우리를 잠들게 하는 호르몬인 멜라토닌의 분비를 급격히 줄입니다. 그래서 침대에 누워서 스마트폰을 들여다보고 있으면 잠이 잘 안 오는 것이지요. 노트북으로 게임을 하다가 불을 끄고 누워도 마찬가지입니다. 멜라토닌은 체온의 영향도 받습니다. 사람들이 자기 전에 혈관이 넓게 분포된 표면인 손을 써서 얼굴에 물을 끼얹고 자는 데는 다 이유가 있던 것입니다. 잘 때 찬물로 세수하고 주무세요. 스마트폰은 침실에 가지고 들어가지 마세요. 그냥 꺼놓으세요. 그것만으로도 좋은 수면, 충분한 수면을 즐길 수 있습니다. 재물과 명예는 몰라도 적어도 건강만은 지킬 수 있을 겁니다. 기억력과 창의력이 좋아지는 것은 덤입니다.

자잘한 목표

화목했던 우리 가정이 위기에 빠진 것은 순전히 자동차 때문이었습니다. 독일에 유학하던 때였습니다. 여름방학이 시작된 지 얼마 안 되었을 때 공원 옆을 지나다가 40만 원이라는 착한 가격과 연락처가 적힌 쪽지가 붙은 폴크스바겐 승용차를 본 것이죠. 당장 전화해서 구입했습니다. 그러고는 아직 유모차를 타야 하는 아이를 데리고 아내와 함께 약 1,200킬로미터에 달하는 자동차 여행을 떠나기로 했습니다.

문제는 제가 단 한번도 도로에서 운전해본 적이 없다는 사실입니다. 유학 오기 직전에야 운전면허시험에 합격했고 당시에는 도로주행은 필수가 아니었거든요. 차 뒤창에 '초보운전'이라고 크게 써 붙이고 저는 운전석 의자를 바짝 세워서 전방의 차선과 두 발에 집중했습니다. 자동변속기가 아니라 수동변속기 차량이기 때문이죠. 옆자리에 앉은 아내는 도로표지판과 지도책을 번갈아 보면서 길을 안내해야 했습니다. 온 가족의 목숨을 책임지고 있는 제 신경은 날카로워졌습니다. 난생처음 달려보는 독일 아우토반에서 독일어로 된 도로표지판과 작은 글씨의 지도를 봐야 했던 아내는 뒷좌석에 있는 딸까지 챙겨야 했습니다. 빠져 나가는 길을 아내는 항상 조금 늦게 알려줬습니다. 아니, 운전에 익숙한 운전자라면 차선을 바꾸기에 충분한 시간이 있었겠지만 제게는 시간이 부족했죠.

오랜만에 가족과 함께 즐거운 시간을 보내기 위해 떠난 첫 자동차 여행은 점차 엉망진창이 되어갔습니다. 목적지에 도착하면 저는 지쳐서 쓰러져 자기에 바빴죠. 아내는 딸을 재운 후 내일 움직여야 하는 길을 예습하느라 제대로 쉬지 못했습니다. 차에서 절대로 졸지도 못했죠. 본인이 지도이자 항해사였기 때문입니다. 가정이 하마터면 큰 위기에 빠질 뻔했습니다.

우리는 스마트폰의 GPS를 사용할 때마다 아인슈타인의 상대성 이론을 접하고
있습니다. 속도 · 중력의 차이 때문에 인공위성의 원자시계에는
시간 차이가 생기는데 이를 보정해서 우리가 어디에 있는지 정확하게 알 수 있습니다.

이제는 GPS를 장착한 내비게이션이 있으니 얼마나 좋은지 모릅니다. 아내는 비로소 조수석에 앉아서 편안하게 졸면서 여행할 수 있게 되었습니다. 천국이 따로 없습니다. 천국은 기술이 만들었습니다. 내비게이션 시스템은 지구 2만 킬로미터 상공에서 하루에 지구를 두 바퀴씩 돌고 있는 48개의 GPS 위성을 사용합니다. 우리는 지구 어디에 있든지 최소한 네 개의 GPS 위성으로부터 신호를 받을 수 있습니다. 각 위성과 제 위치 사이의 거리는 모두 다릅니다. 그 상대적인 차이를 이용해서 제가 어디에 있는지 거의 정확하게 아는 겁니다. 오차가 있을 수 있지만 내비게이션 시스템에는 지도가 들어 있어서 위치를 보정할 수 있습니다.

우리는 이 대목에서 아인슈타인 선생님을 찬양해야 합니다. 그의 상대성 이론이 없으면 내비게이션 시스템 기술이 아무리 뛰어나다고 하더라도 무용지물이었을 테니까요. 아인슈타인의 상대성 이론은 시간이 어디에서나 똑같이 흐르지 않는다는 것을 알려줍니다. 속도가 빠른 물체에서는 시간이 느리게 갑니다. 빛의 속도로 달리면 시간이 멈춘 것과도 같죠.

그런데 인공위성은 빛의 속도까지는 아니지만 엄청나게 빨리 움직이잖아요. 1초에 3.9킬로미터를 날아갑니다. 인공위성의 시간에 미치는 영향은 또 있습니다. 바로 중력이죠. 시간은 중력이 작을수록 빠르게 흐릅니다. 인공위성은 지구 중심에서 멀리 떨어져 있기 때문에 지표면보다 중력이 더 작습니다. 따라서 인공위성에서는 시간이 빠르게 흐르죠. 그러니까 인공위성의 시간은 빠른 속도 때문에 하루에 7마이크로초 느리게 흐르면서, 동시에 작은 중력 때문에 46마이크로초 빠르게 흐릅니다. 두 가지를 함께 계산하면 인공위성에서는 지표면보다 하루에 39마이크로초가 빠르게 흐릅니다.

마이크로초는 100만 분의 1초입니다. 우리가 가지고 있는 시계로는 측정도 할 수 없는 짧은 시간이죠. 지표면과 1초 차이가 생기려면 7년은 있어야 합니다. 그런데 이 짧은 시간이 지표면에서는 큰 오차를 만들어냅니다. 39마이크로초 동안 빛은 12킬로미터를 날아가거든요. 그러면 고속도로에서 빠져 나가는 길이 여러 개일 때 첫 번째 길인지 두 번째 길인지 정확히 알 수가 없잖아요. 아마 이런 내비게이션 시스템을 사용하면 오히려 사용하지 않을 때보다 더 큰 혼란이 생길 겁니다.

하지만 우리에게는 그런 문제가 없습니다. 아인슈타인의 상대성 이론을 알고 있기 때문이죠. 해결법은 간단합니다. GPS 위성의 시계를 39마이크로초 뒤로 돌려놓으면 되거든요. 그러면 지표면의 시계와 같아지잖아요. 기술과 과학이 협력하여 선(善)을 이루는 장면을 우리는 매일 목격하고 있는 거예요.

요즘은 제가 운전할 때 아내가 옆에서 지도를 보지 않지만 그래도 앞자리에 타서 같이 이야기하며 갑니다. 즐거운 시간이죠. 저는 잘 아는 길도 꼭 내비게이션에 목적지를 입력하고 가는 버릇이 있어요. 아내는 빤한 길을 왜 입력하느라 시간을 지체하느냐고 지청구를 합니다. 아내 말이 맞기는 하지만 그래도 내비게이션에 목적지를 입력하면 기분이 좋아져요. 운전하는 동안 제 목적지가 어디인지 알려주거든요. 우리 인생도 그런 것 같아요. 목표가 있는 삶은 즐거워요.

저는 과학관 관장이라는 직업 때문에 청소년들을 매일 만납니다. 젊은 친구들을 만나면 언제나 에너지를 얻죠. 가끔 가다가 묻습니다. "뭐가 되고 싶어?"라고 말입니다. 이 말이 조금 폭력적인 것처럼 여겨지기도 해서 요즘엔 "어떻게 살고 싶어?"라고 바꿔서 묻기도 하지만 대답은 거의 같습니다. "몰라요!" 아니면 "그냥요!" 진지한 대답을 하기가 조금 쑥스럽기도 하고, 잘 모르는 사람과 진지한 대화를 하고 싶지 않기도 하겠죠. 그런데 정말로 뭐가 되고 싶은지, 어떻게 살고 싶은지 잘 모르는 친구들도 많습니다.

저라고 청소년기가 달랐을까요? 저도 중고등학교 시절에 뭐가 되어야겠다라거나 어떻게 살아야겠다 같은 것은 생각할 겨를이 없었어요. 매달 월말고사가 있었고 중간고사와 기말고

사를 대비하면서 하루하루 견뎌내는 게 전부였죠. 그러다가 '나는 누구? 여기는 어디?'라면서 당황해 하곤 했지요. 그때 집에 자동차가 있고 자동차에 내비게이션 시스템이 있었다면 조금은 달라졌을 것 같아요. 부모님이 내비게이션을 켤 때마다 제 위치를 확인하고 목적지를 입력하는 것을 보면서, 물리적인 위치와 목적지뿐만 아니라 인생의 위치와 목적지도 가끔은 생각할 수 있었을 테니까요.

인생의 목적지라고 해서 거창한 얘기를 하는 게 아닙니다. 평생의 목적지를 말하는 게 아니에요. 저도 평생의 목적지 같은 것은 없어요. 오늘의 목적지, 이번 주의 목적지, 이번 달, 좀 거창하게 올해의 목적지 정도죠. 10년, 100년의 목적지 같은 것은 쓸데없어요.

누구나 목표를 세우지만 달성하는 사람과 그렇지 못한 사람이 있죠. 어떻게 갈리는 것일까요? 목표는 자잘해야 해요. 자잘한 목표는 쉽게 달성하죠. 그러면 기분도 좋아지고요. 우리는 성취감을 먹고 자라는 사람들이잖아요. 자잘한 목표는 설사 실패해도 상관없어요. 워낙 자잘한 것이니까요. 인생에 어떤 영향도 주지 못합니다. 그런데 커다란 목표, 오랜 시간이 걸리는 목표는 우리를 피곤하게 합니다. 성취감은 가져보지도 못한 채 결국에는 좌절감만 주죠. 좌절하면 다음 목표를 세우는 일을 아예 포기하게 됩니다. 심지어 자신을 배신하기까지 하죠.

마음속에 내비게이션 시스템을 하나씩 장착합시다. 내가 어디에 있는지 확인합시다. 그리고 거창한 목표 말고 오늘의 목적지를 입력합시다. 내비게이션 시스템을 장착했다고 해서 운전할 때 길을 잃지 않고 항상 잘 찾아갈까요? 그렇지 않더라고요. 내비게이션이 고운 목소리로 제가 다음에 해야 할 행동을 알려줘도 자주 놓쳐요. 그래서 빙 돌아가기도 합니다. 하지만 언젠가는 목적지를 잘 찾아가죠. 제가 어디에 있는지 알기 때문입니다.

측정

수치로 말하기

"항상 숫자가 중요합니다.
맑은 하늘만 보고서 미세먼지 농도를 짐작해서는 안 됩니다."

과학적으로 말이 안 된다

2017년 3월 모 종편방송에서 대왕 카스테라를 고발하는 프로그램을 방영했습니다. 대왕 카스테라를 만들 때 우유와 달걀보다 식용유가 더 많이 들어가더라, 심지어 손바닥 네 개만 한 500그램짜리 카스테라 하나 만드는 데 식용유 700밀리리터를 붓기도 하더라는 게 고발의 핵심입니다. TV의 영향력은 생각보다 엄청납니다. 방송 후 불과 열흘 사이에 대왕 카스테라 매출이 90퍼센트 가까이 떨어졌습니다.

방송을 보고 대왕 카스테라를 끊은 소비자의 선택은 타당해 보입니다. 식용유의 열량은 100밀리리터당 884킬로칼로리에 달합니다. 또 식용유의 밀도는 약 0.9 정도이니 500그램짜리 대왕 카스테라 하나를 먹을 때마다 오로지 식용유만으로도 $7 \times 884 \div 0.9 \fallingdotseq 6900$킬로칼로리나 됩니다. 아무리 맛있어도 이런 칼로리 폭탄을 먹을 수는 없습니다.

그런데 따져보지 않은 게 있습니다. 식용유 가격입니다. 아무리 식용유를 대량으로 구입한다고 해도 카스테라 하나에 식용유를 700밀리리터나 사용하면 카스테라 가격을 맞출 수가 없습니다. 카스테라 값보다 식용유 값이 더 든다? 당연히 의심해봐야 했습니다.

물리학적으로도 말이 안 됩니다. 식용유 700밀리리터를 써서 500그램짜리 빵이 나온다면 중학교 때 배운 질량보존의 법칙은 갖다 버려야 합니다! 실제로는 700밀리리터는 대왕 카스테라 1개가 아니라 20개에 들어간 양입니다. 1개당 35밀리리터가 들어갔을 뿐입니다.

제가 어릴 때는 친구들과 말싸움하다가 "텔레비전에서 봤다니까"라고 하면 이길 수 있었습니다. 그런 시대가 다시 와야 하지 않겠습니까.

숫자가 중요하다

『82년생 김지영』이 소설에 이어 영화로도 대성공을 거두었습니다. 92년생과 01년생 두 딸을 둔 63년생 대한민국 남자로서 기쁜 일입니다. 그 기쁨의 이면에는 부끄러움과 미안함이 서려 있습니다. 뭐, 그렇다고 해서 제 행동거지가 크게 바뀌지는 않았습니다. 다만 적어도 제 딸은 엄마와는 다른 세상에서 살 수 있을 거라는 기대는 분명히 커졌습니다.

세상 사람의 생각이 모두 같지는 않습니다. 영화가 개봉 5일 만에 관람객 100만 명을 돌파했다는 기사에 달린 댓글들을 보면 앞이 캄캄해집니다. (댓글을 본 제가 잘못입니다. 도대체 뭘 기대했던 걸까요.) '혐오' 그 이상의 단어가 떠오르지 않습니다.

혐오는 우리 일상 곳곳에 숨어 있습니다. 혐오가 생명을 지키는 강력한 안전망이던 시절이 있었습니다. 낯선 이를 경계했습니다. 그에게 무슨 질병이 있을지, 어떤 흉흉한 속셈이 있는지 알 도리가 없었기 때문입니다. 낯선 냄새와 색깔, 짐승과 의례를 경계했습니다. 혐오의 근거는 무지입니다. 모르면 겁나고 겁나면 혐오합니다.

이제 우리는 많은 것을 압니다. 질병의 원인을 알고 든든한 사회안전망이 있습니다. 하여 이제 혐오는 더 이상 안전망이 아니라 질병 또는 범죄로 취급됩니다. 외국인 혐오, 여성 혐오, HIV 환자 혐오, 성소수자 혐오는 무지에서 비롯된 사회적 질병입니다. 사회적 질병은 개인이 아니라 사회가 책임지고 고쳐줘야 합니다. 적어도 문명사회라면 사회가 그 정도 서비스는 해야 합니다.

또 다른 혐오가 있습니다. 바로 화학에 대한 혐오입니다. 어느덧 화학은 자연 또는 천연의 반대말이 되었습니다. 천연 염료는 좋은 것이지만 화학 염료는 환경 파괴의 원인입니다. 천연 조미료는 좋은 것이지만 화학 조미료는 건강에 해롭습니다. 유기농 식품은 좋지만 화학 비료를 사용하면 건강과 환경에 나쁩니다. 이런 생각이 널리 퍼져 있습니다.

화학 혐오의 배경에는 숫자를 따지지 않는 게으름이 숨어 있습니다. 2018년 11월부터 몇 달 동안 부모들이 신생아에게 백신을 맞히지 않는 사태가 발생했습니다. 이유가 있었습니다. 백신 주사에서 비소(As)가 발견된 것입니다. 아니 어찌 사랑스러운 아기에게 비소 주사를 맞힐 수 있겠습니까. 그런데 한번쯤 생각해봤어야 했습니다. 설마 없던 비소를 새로 추가하기야 했겠는가 말입니다. 원래 있었습니다. 워낙 적은 양이어서 몰랐을 뿐입니다. 과학과 기술이 발전하다보니 그 적은 양마저 검출한 것입니다. 그 양은 우리가 먹는 밥 한 숟갈 안에 들어 있는 양 정도입니다.

2017년 살충제 달걀 파동도 비슷합니다. 달걀 값이 치솟고, 동네 빵집은 문을 닫고, 학교 영양사들은 달걀 없는 식단을 짜느라 골머리를 앓아야 했습니다. 수많은 양계장이 파산하고 파산한 양계장을 살리기 위해 많은 세금이 들어갔습니다. 피프로닐이라는 '보통' 독성 성분이 달걀에서 검출되었기 때문입니다. 이때도 숫자는 무시되었습니다. 세계보건기구(WHO)는 '1일 섭취 허용량(ADI)'과 '급성 독성 참고치(ARfD)'라는 기준을 마련해두었습니다. 이들 기준치에 따르면 체중 60킬로그램의 성인이라면 평생 살충제 달걀을 하루에 5.5개를 먹어도 안전합니다. 독성이 몸에서 발휘되려면 하루에 246개를 먹어야 했습니다. 살충제 달걀이 괜찮다는 말이 아닙니다. 기준을 넘었으니 정부는 시민에게 알리고 조치를 취하면 됩니다. 시민마저 패닉에 빠질 필요는 없었다는 말입니다. (식약청은 이 사실을 친절하게 국민에게 알릴 의무가 있었습니다.)

천연 비타민과 화학 비타민은 분자식이 똑같습니다. 세포는 두 비타민을 구분하지 못합니다. 천연 비타민을 먹었다고 해서 세포가 "우리 주인님이 고급진 걸 드셨네. 주인님의 성의에 보답해서 더 튼튼한 세포가 되어야겠어"라고 생각하지 않습니다. 화학 비타민을 먹었다고 해서 세포가 "이게 뭐야. 성의 없게. 삐뚤어질 테야"라고 다짐하지 않습니다.

측정의 중요성

남루한 차림으로 전국을 누비는 당돌한 소년이 사또 앞에서 호령을 합니다. 이방은 어이없어하면서 "저놈을 당장 옥에 처넣어라!"라고 하명합니다. 하지만 소년은 당황하지 않습니다. 웃음 띤 얼굴로 조용히 둥근 구리 패를 앞으로 내밉니다. 이와 동시에 육모 방망이를 든 졸(卒)들이 "암행어사 출두요"라고 외치며 담장을 넘어와 못된 관리들을 두들겨 팹니다.

만화책에서 많이 보던 장면입니다. 소년은 암행어사요, 그가 내민 구리 패는 마패입니다. 만화책 독자들은 마패가 그렇게 좋았습니다. 마패는 암행어사가 정의의 사도라는 증표이자 무소불위의 힘을 발휘하는 권력의 상징이었습니다. 하지만 만화는 만화일 뿐입니다. 고등학교에 들어가서야 암행어사만 마패를 들고 다닌 게 아니라는 사실을 알게 되었습니다. 왕명을 받고 지방에 파견된 관리들도 마패를 가지고 다녔습니다. 마패는 역마를 사용할 수 있는 일종의 증명서였습니다. 마패에 말이 세 마리 그려져 있다면 자신과 수행원 그리고 짐을 싣는 말을 포함하여 모두 세 필의 말을 사용할 수 있었습니다.

암행어사가 가진 권력의 원천은 마패가 아니라 따로 있었습니다. 바로 유척(鍮尺)입니다. 말 그대로 '놋쇠로 된 자'입니다. 암행어사는 두 개의 유척을 가지고 다녔습니다. 하나는 죄인을 매질하고 고문하는 데 쓰는 형구의 크기를 확인하는 데 사용했습니다. 요즘이라면 용납될 수 없는 매질과 고문이 법으로 허락된 조선 시대일지라도 형구의 크기는 법으로 규정되어 있었던 것입니다. 지방 관리가 쉽게 자백을 얻어내기 위해 가혹한 도구를 사용하지 못하게 하기 위함이었습니다.

또 다른 유척은 도량형을 통일해서 세금 징수를 고르게 하는 데 쓰였습니다. 지방 관리가 제멋대로 됫박을 크게 하거나 자를 작게 해서 곡식과 옷감을 많이 징수한 후 일부를 자신들이 취하는 것을 막기 위함입니다.

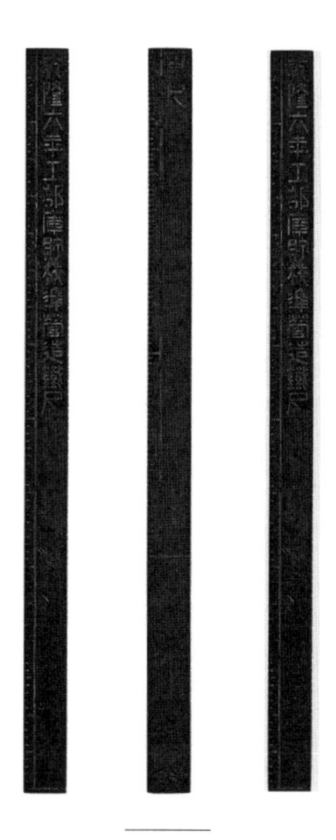

건륭육년진유척.
서로 다른 네 개의 자를 사각에 새겨놓은 자입니다.
1741년 이후 조선에서 제작된 것으로 추정됩니다.

암행어사는 유척을 사용하여 지방 관리가 죄인을 법에 따라 다루고 세금을 공정하게 징수하는지 확인했습니다. 암행어사가 직관으로 지방 관리를 탐관오리로 지목하고 "오라를 받아라"라고 외친 게 아닌 겁니다. 이렇게 보면 조선은 꽤나 합리적인 사회였습니다. 그 합리성의 근거는 표준화된 단위였습니다.

길이에 표준이 없다면 어떻게 될까요? 각자 생각하는 1미터가 다르다면요? 옷감을 사고파는 데 길이의 의미 자체가 없어집니다. 자가 의미가 없다는 말입니다. 길이만 그런 게 아닙니다. 질량, 시간, 전류량, 온도, 물질량 같은 기준에는 표준이 있어야 합니다. 표준은 단지 거래와 세금 징수에만 필요한 게 아닙니다. 물리학과 화학, 정보통신, 생명공학의 비약적인 발전은 모두 1875년 국제적인 미터조약이 성립되고, 1889년 국제원기가 제정된 후에야 일어난 일입니다.

원기(prototype)는 조선 시대 암행어사들이 갖고 다니던 유척에 해당합니다. 각 나라가 사용하고 있는 1미터와 1킬로그램이 서로 다르지는 않은지 확인하기 위한 것입니다. 그래야 국가 간의 통상거래에 분란이 없고 전 세계 과학기술자들의 연구가 서로에게 도움이 됩니다. 그런데 미터조약과 국제원기로 비약적으로 발전한 과학과 기술은 이제 거꾸로 국제원기를 의심할 지경에 이르게 되었습니다. 게다가 원기의 길이와 무게가 미세

미터원기(위)와 킬로그램원기(아래). 백금, 이리듐 합금으로 제작했습니다.

하게 변할 가능성도 있습니다. 그 차이가 적어서 예전에는 알 수 없었지만 이제는 측정기술이 좋아져서 그 차이를 알게 되었습니다. 또 원기가 파손될 가능성도 있습니다.

과학자들은 새로운 고민을 하기 시작했습니다. 파손 걱정을 하지 않아도 되고 또 아무리 측정기술이 좋아진다고 하더라도 기준을 바꾸지 않아도 되는 표준이 필요했습니다. 답은 물리학에서 나왔습니다. 과학자들은 절대로 변하지 않는 상수를 바탕으로 표준을 정하기로 했습니다. 빛의 속도는 변하지 않습니다. 1초에 2억 9,979만 2,458미터를 이동합니다. 이것을 바탕으로 1미터는 빛이 2억 9,979만 2,458분의 1초 동안 움직인 거리라고 정했습니다.

새로운 미터는 쉽게 이해할 수 있습니다. 하지만 다른 단위들도 그런 것은 아닙니다. 킬로그램은 원기 대신 광자의 에너지를 광자의 주파수로 나눈 '플랑크 상수'로 재정의했습니다. 이게 무슨 이야기냐고 묻지 마세요. 저도 설명하지 못합니다. 그래서 물리학자가 필요한 것입니다. 중요한 것은 킬로그램원기가 없어도 1킬로그램을 정확히 규정할 수 있다는 것인데, 그렇다고 해서 종이와 연필로만 할 수 있는 것은 아닙니다. 키블저울이라는 정밀한 장치가 필요합니다. 걱정 마세요. 그래서 우리는 세금을 냅니다. 한국표준과학연구원에서 이미 만들어놓았습니다.

과학은 측정 가능한 것을 대상으로 삼습니다. 그리고 측정 단위와 방법을 표준화합니다. 시대가 흐르면서 측정 가능한 범위가 점점 넓어져왔습니다. 미세먼지도 마찬가지입니다.

미세먼지는 입자 크기에 따라 PM10(미세먼지)과 PM2.5(초미세먼지)로 분류되는데, 입자가 작은 초미세먼지는 햇빛을 산란시킵니다. 그래서 하늘이 흐려 보일 가능성이 높습니다. 그런데 미세먼지 입자가 클수록 산란 효과는 감소합니다. 아주 흐린 날은 초미세먼지 농도가 높을 수도 있지만, 보통 미세먼지의 농도는 하늘이 흐리고 맑은 것이 기준이 될 수 없습니다.

미세먼지에 대한 또 다른 오해는 과거에 비해 미세먼지가 많아졌다는 것입니다. 1995년부터 PM10이 측정되기 시작했는데, 1995년과 2016년을 비교했을 때 미세먼지 농도는 절반 가까이 감소했습니다. PM2.5의 경우에는 입자가 작아 과거에는 측정이 불가능했고, 불과 5년 전부터 측정이 시작됐습니다. 환경운동을 처음 시작한 고(故) 권숙표 교수의 1986년 연구 자료에 따르면 2016년의 초미세먼지 농도는 1986년과 비교했을 때 무려 80퍼센트나 감소했습니다.

80~90년대를 떠올려보면 실마리를 찾을 수 있습니다. 그때는 집집마다 연탄불을 때었습니다. 지금보다 공기가 나쁠 수

밖에 없었습니다. 1980년대 서울은 세계에서 세 번째로 오염이 심한 도시로 꼽히기도 했습니다.

그렇다고 해서 현재 미세먼지 상황이 문제가 아니라는 건 아닙니다. 우리나라의 미세먼지 상태는 예전보다 좋아졌다는 것뿐 유럽보다 나쁜 상태입니다. 미세먼지는 해결해야 할 문제이지만, 정확한 수치와 경향을 파악하고 해야 합니다. 항상 숫자가 중요합니다. 맑은 하늘만 보고서 미세먼지 농도를 짐작해서는 안 됩니다. 느낌만 믿지 말고 숫자로 확인합시다.

기생하는 존재

요즘이야 이런저런 책이 많지만 제가 고등학교에 다니던 70년대만 해도 책이 다양하지 않았습니다. 문학은 그냥 손바닥만 한 '삼중당 문고'로 읽었습니다. 참고서도 마찬가지였지요. 영어는 『성문종합영어』, 수학은 『수학의 정석』 같은 식이었지요. 이렇게 압도적이지는 않았지만 생물에는 『로고스 생물』이 있었습니다. 제가 고3 때 이 책의 저자에게 직접 배웠습니다. 운이 좋았지요. (그때는 '비루스'라고 했던) 바이러스에 대해 배우는 날이었습니다. 선생님이 말씀하셨습니다.

"비루스는 숙주에 따라 크게 세 가지로 나눈다. 동물성 비루스, 식물성 비루스, 세균성 비루스로 말이다. 정모! 만약에 정모가 비루스에 감염되었다고 한다면 그 비루스는 어떤 비루스이겠는가?"

저는 1초도 고민하지 않고 당당히 대답했습니다.

"세균성 비루스입니다."

선생님께서는 '요놈, 그렇게 대답할 줄 알았다'라는 표정을 지으면서 "야, 임마, 네가 세균이냐? 비루스는 숙주에 따라 구분한다고 했잖아. 정모, 네게 기생해서 사는 비루스가 세균성 비루스면 네가 세균이란 뜻이야?"라고 반문하셨죠. 이때 아이들은 크게 웃었습니다. 하지만 속으로는 다들 뜨끔 했을 겁니다.

이 대화를 통해서 우리는 '숙주(宿主)'에 대한 명확한 개념을 배웠습니다. 숙주는 '하룻밤 묵어가는 집의 주인'이라는 뜻입니다. 바이러스는 숙주가 있어야만 살 수 있는 생명체입니다. 사실 생명체라고 하기에는 조~금 모자랍니다. 딱히 생물도 아니고, 무생물도 아닌 모호한 존재죠. 어딘가에 기생해야만 살 수 있는 존재입니다.

여기에는 까닭이 있습니다. 우리 몸을 이루는 세포에서 일어나는 모든 일들은 화학반응입니다. 화학반응은 쉽게 일어나지 않지요. 촉매가 있어야 합니다. 촉매는 중매쟁이 같은 겁니다. 중매쟁이는 A와 B가 결혼을 하도록 도와주지만 자기가 직접 결혼은 하지 않습니다. 마찬가지로 촉매도 A와 B가 반응을 일으키도록 도와주지만 자신은 반응에 참여하지 않죠.

단백질 효소가 바로 촉매입니다. 단백질 효소가 없으면 생명활동은 일어나지 않아요. 단백질 효소가 생명의 가장 큰 특징 가운데 하나입니다. 그런데 바이러스는 이 단백질 효소가 없습니다. 유전자와 껍데기만 가지고 있어요. 생명활동에 필요한 모든 효소는 숙주의 것을 사용합니다. 하는 일 없이 얹혀산다고 해서 기생(寄生)한다고 합니다.

바이러스가 자신의 유전자를 숙주 안으로 밀어넣으면 숙주의 효소가 바이러스의 유전자를 복제해서 증식시키죠. 이 유전자들이 다시 바깥으로 나올 때 숙주 세포를 파괴합니다. 이때 숙주에게 거의 영향을 끼치지 않기도 하고 때로는 심각한 영향을 주기도 합니다.

어릴 때 입 양쪽 끝이 자주 짓물렀습니다. 우리 엄마는 "입이 커지려고 그러나보다"라고 말씀하셨지만, 같은 경험을 자주 해도 입이 실제로 커지지는 않았습니다. 엄마 말이 항상 맞는 건 아니라는 사실을 깨달은 계기가 되었습니다. 이건 헤르페스 바이러스에 감염되어서 생긴 일입니다. 전 세계 사람 가운데 절반은 헤르페스에 감염되어 있습니다. 헤르페스가 잘 숨어 있다가 숙주의 면역력이 떨어지면 '옳거니!' 하고서 (의사들은

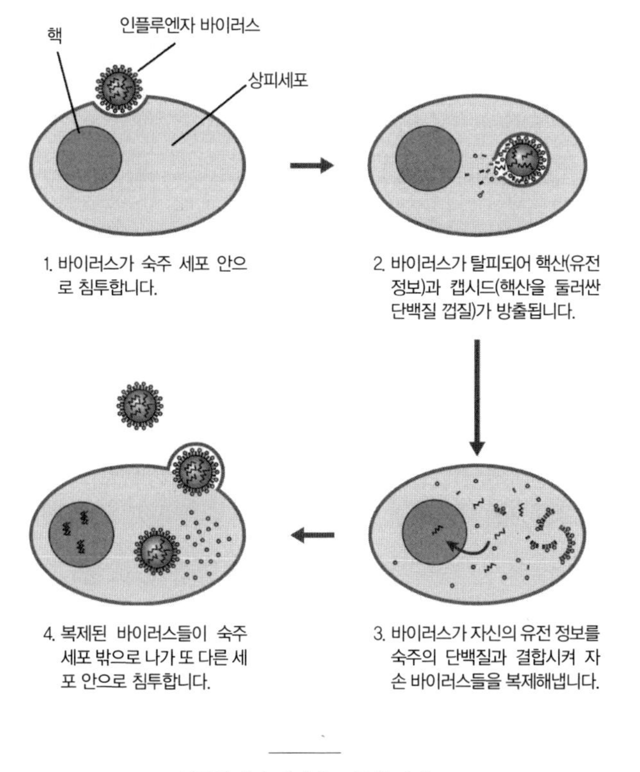

인플루엔자 바이러스 증식 과정

포진과 홍반을 일으킨다고 표현합니다만) 피부를 짓무르게 하지요. 전 세계 인구의 절반이 헤르페스에 감염되어 있지만 우리는 헤르페스를 박멸하려 하지 않습니다. 별일 없잖아요. 얹혀살아도 주인에게 큰 폐가 안 되면 주인이 내쫓지 않는 것과 같은 이치입니다.

그런데 홍역은 어떨까요? 홍역도 바이러스가 일으키는 병입니다. 헤르페스처럼 우리 몸에 기생하죠. 하지만 우리는 그들을 기생하지 못하게 하는 백신을 개발했습니다. 왜냐하면 건강에 치명적이거든요. 가끔 생명을 빼앗기도 하고요.

천연두는 더 심각했죠. 천연두도 바이러스 때문에 걸리는 병입니다. 천연두 바이러스는 전략을 잘못 짰어요. 천연두에 걸리면 거의 죽습니다. 이게 문제예요. 자기 숙주가 죽으면 어떻게 되나요? 천연두 바이러스 자신이 기생할 곳이 없어지잖아요. 숙주를 다 죽여서 자기가 기생할 곳을 잃게 됩니다. 다행히 사람들은 자신들이 사라지기 전에 먼저 백신으로 천연두 바이러스를 아예 지구에서 박멸시켜버렸죠.

아무튼 바이러스는 숙주가 없으면 살 수 없는 존재입니다. 요즘 신종 코로나 바이러스 감염증 때문에 전 세계가 혼란스럽습니다. 감염증 환자가 지나간 곳에 우리가 가면 안 될까요? 그렇지 않습니다. 환자가 만졌거나 환자의 침이 튄 곳이라도

(최근에는 5~7일이라는 과도한 주장도 있지만) 2~3일만 지나면 아무런 문제가 없습니다. 숙주 바깥에 나온 바이러스는 즉시 새로운 숙주를 찾아야 해요. 보통의 경우 숙주 없이 바깥에서 3시간 방치된 바이러스는 사라집니다.

우리는 환자들이 지나간 곳을 자세하게 압니다. 확실하게 소독까지 마쳤지요. 정부에서 극성스럽게 조치를 취하고 있습니다. 시민들은 평소처럼 지내면 됩니다. 손만 열심히 씻으면서 말입니다. 내과의사 친구가 그러더라고요.

"의사 생활 수십 년 동안 올해처럼 감기 환자가 없는 겨울은 처음이야."

왜 그럴까요? 온 국민이 손을 열심히 씻고 있기 때문입니다.

개방성

새로운 경험에 대한 열린 마음

"극히 일부 호모 사피엔스만
새로운 세상을 찾아 아프리카를 탈출했습니다."

부모 말 지지리도 안 듣는 사고뭉치들

700만 년 전의 일입니다. 아프리카에 어떤 어미 유인원이 살고 있었습니다. 어느 날 새끼 자매 두 마리가 무리에서 떨어져 나와 길을 잃었습니다. 두 자매 역시 헤어지고 맙니다. 각기 비슷한 짝을 찾아 무리를 이루었습니다. 두 무리는 영원히 만나지 못했습니다. 한 자매는 침팬지의 조상이 되었고 다른 자매는 사람의 조상이 되었습니다.

뭐, 특별한 일은 아닙니다. 같은 배에서 난 형제들도 다른 인생을 살잖아요. 그러니 아주 먼 옛날 같은 조상에서 갈라진 침팬지와 인류가 전혀 다른 진화의 경로를 걸은 것도 별난 일은 아닙니다. 침팬지와 사람은 전혀 다르게 생겼습니다. 짝을 이루어 후손을 남기지도 못합니다. 두 자매의 후손은 달라도 너무 다르기 때문입니다.

그런데 침팬지와 사람은 DNA의 98.8퍼센트가 같습니다. 단 1.2퍼센트의 차이로 어떻게 이렇게 크게 달라졌을까요? 변한 쪽은 침팬지가 아니라 사람입니다. 500만 년 전의 인류와 현생 인류를 비교하면 같은 인류에 속한다고 보기 힘들 정도입니다. 500만 년 전의 오스트랄로피테쿠스는 이마보다 턱이 더 튀어나와 있습니다. 눈두덩은 두툼했고 턱과 이빨은 컸습니다. 지금 우리는 어떤가요? 이마와 턱이 튀어나온 정도가 같습니다. 턱이 들어갔다기보다는 이마가 튀어나온 것이죠. 그만큼 뇌가 커진 겁니다. 눈두덩은 손으로 잡을 수 없을 정도로 밋밋해졌고 턱과 이빨은 아담해졌습니다. 인류는 혁신에 혁신을 거듭한 것입니다.

이런 혁신에는 몇 가지 계기가 있습니다. 첫 번째 계기는 나무에서 내려온 것입니다. 다른 영장류와 마찬가지로 오스트랄로피테쿠스도 높이 치솟은 열대림의 나무 꼭대기에서 살았습니다. 하지만 빙하기가 찾아오면서 열대림이 줄어들었습니다. 열대림의 경계선이 남쪽으로 이동했죠. 원숭이들은 열대림을 찾아 남쪽으로 이동했습니다. 하지만 오스트랄로피테쿠스는 그 자리에 남았습니다. 과일이나 따서 먹던 안락한 삶을 포기하고 땅 위로 내려와 맹수를 피해 다니면서 살아야 했죠. 열대림을 포기하고 땅에서 걸어 다니면서 발가락의 구조가 바뀌고 척추 구조가 바뀌기 시작했습니다.

맹수에게 쫓기며 살던 오스트랄로피테쿠스 아파렌시스 무리는 고단한 하루를 지내고 10미터가 넘는 나무 위에 올라가 잠을 청했습니다. 어느 날 오스트랄로피테쿠스가 잠결에 나무에서 떨어졌습니다. 땅에 떨어질 때 속도는 시속 60킬로미터에 달했습니다. 당연히 온몸에 골절상을 입고 죽을 수밖에 없었죠. 추락과 골절의 흔적이 화석에 그대로 남아 있습니다. 그는

'루시'라고 불립니다. 세계에서 가장 유명한 오스트랄로피테쿠스죠.

두 번째는 불을 사용하는 것입니다. 그 어떤 원숭이나 유인원도 불을 사용하지 못합니다. 처음에는 불이 두려웠을 것입니다. 엄마가 산불 곁에는 가지 말라고 했을 것입니다. 말을 듣지 않은 아이들은 불에 타죽기도 하고 다치기도 했습니다. 하지만 불에 익은 고기는 맛있고 소화가 잘되었습니다. 나중에는 산불에서 얻어온 불을 꺼뜨려도 괜찮았습니다. 불을 피울 수 있게 되었거든요. 불을 사용하자 시간과 공간이 늘어났습니다. 밤에도 화톳불 주위에 모여 지혜를 전수할 수 있었습니다. 유대감도 높아졌죠. 이젠 추운 곳에서도 살 수 있게 되었습니다. 무엇보다도 영양 상태가 좋아졌습니다. 덕분에 뇌는 점점 커져서 침팬지의 세 배 이상이 되었습니다.

세 번째는 고향을 떠난 것입니다. 아프리카를 벗어난 것이죠. 멀리 떠나기 위해서는 두 발로 꼿꼿이 서서 걸어 다닐 수 있어야 합니다. 오스트랄로피테쿠스는 아프리카를 벗어나기가 육체적으로 너무 힘들었습니다. 완전한 직립보행이 가능했던 초기 호모속도 마찬가지입니다. 불을 사용하지 못했기 때문입니다. 아프리카를 최초로 탈출한 인류의 후보로는 호모 에렉투스가 적격이었습니다. 실제로 호모 에렉투스가 아프리카를 벗어났습니다.

약 20만 년 전에는 아프리카에 호모 사피엔스가 등장했습니다. 바로 우리입니다. 그런데 호모 사피엔스가 등장한 직후 기후가 한랭건조해지면서 아프리카는 살기 좋지 않은 곳으로 변했습니다. 하지만 극히 일부 호모 사피엔스만 새로운 세상을 찾아 아프리카를 탈출했습니다. 동네 어른들 말을 듣지 않은 젊은이들일 것입니다. 이들의 후손들이 지금 전 지구를 지배하고 있습니다. 그런데 이들을 전 세계로 퍼뜨린 에너지 동력은 무엇일까요? 그들은 도대체 무엇을 먹으면서 지구 전체로 흩어졌을까요?

비밀은 바로 '조개'라고 인류학자들은 말합니다. 사바나 지역에 살던 호모 사피엔스 가운데 극히 일부가 어른들 말을 듣지 않고 바닷가로 이동했습니다. 바닷가는 따뜻하거든요. 알고 봤더니 먹을 것도 풍부했습니다. 조개는 저항을 하지 않았습니다. 가장 오래된 조개무지(패총)는 16만 5천 년이나 되었습니다. 아프리카 바닷가에서 조개를 먹던 호모 사피엔스 가운데 극히 일부가 다시 어른들 말씀을 듣지 않고 아프리카를 탈출합니다. 약 7만 2천 년 전의 일입니다. 아프리카를 탈출한 6만 년 동안 인류는 해안선을 따라서 전 세계로 퍼져 나갔습니다.

우리의 미래를 빼앗지 말라

더스틴 호프먼, 조승우의 공통점은 무엇일까요? 두 사람은 자폐 스펙트럼 장애(ASD)가 있는 사람을 연기했습니다. 더스틴 호프먼은 기억력이 엄청나게 뛰어난 레인 맨을 연기해 아카데미 남우주연상을 받았고 관객들은 자폐에 대한 새로운 시각을 갖게 되었습니다. 조승우는 '백만 불짜리 다리'를 가진 마라토너 초원이를 연기했습니다. 초원이는 손을 휘젓고 소리를 지르고 까치발로 걷는 이상한 동작을 합니다.

영화의 힘은 위대합니다. 우리는 ASD 아동이나 성인을 조금 특별하고 독특한 사람으로 받아들이게 됐습니다. ASD의 S가 스펙트럼의 약자인 것에서 알 수 있듯이 자폐증은 하나가 아닙니다. 많은 경우 어렸을 때부터 전형적인 자폐 특성을 보여서 치료와 교육을 시작하지만 때로는 언어 발달이 거의 정상에 가깝고 자폐적 특성이 잘 드러나지 않는 경우도 많습니다. 이들은 오히려 언어 능력이 보통 또래들보다 뛰어나서 복잡한 표현을 할 수 있고, 다른 아이들과의 놀이에도 적극적으로 참여합니다. 따라서 부모와 사회의 개입이 늦어집니다. 소위 '아스퍼거 증후군'이라고 하는 사례입니다.

아스퍼거 증후군에 속하는 이들 역시 다른 자폐인들처럼 집착 성향이 있습니다. 하지만 특정 사물이나 주제에 집착하는 일반 자폐인과 달리 아스퍼거 증후군에 속한 사람들은 천문, 역사, 지리, 인문 등 지적인 영역에 대한 집착 성향을 보입니다. 또래들보다 뛰어난 언어 능력과 함께 깊고 넓은 지식을 지녀 '꼬마 교수'라는 별명이 따르기도 합니다. 한편으로는 칭찬이고 다른 한편으로는 뭔가 정상이 아닌 것처럼 보이는 사람이 자신보다 뛰어나다는 불편함에서 유발된 조롱이기도 합니다.

2019년 수백만 명의 학생과 시민들이 세계 각지에서 기후 파업을 벌였습니다. 우리나라에서도 '기후위기 비상행동'이라는 이름으로 모였습니다. 서울에서는 5000명이 넘는 시민이 모여서 시위를 했습니다. 전 세계적인 시위를 촉발한 이는 놀랍게도 열여섯 살의 스웨덴 소녀 그레타 툰베리였습니다. 그레타는 부모와 교사를 비롯한 기성세대에게 따져 물었습니다.

"어째서 화석연료가 해롭다는 것을 뻔히 알면서도 계속 사용하는 거죠?"

"우리 자신과 우리의 자손을 구하기 위해 현재 우리는 무엇을 하고 있나요?"

"우리는 현재 인류가 얼마나 위험한 상황에 처해 있으며 지금 무엇을 해야 하는지 알 수 있을 정도로 과학이 발달한 시대에 살고 있잖아요. 더는 이런저런 핑계를 대면서 허비할 시간이 없어요."

스웨덴의 십대 그레타 툰베리는 2018년 8월부터
'기후 변화를 위한 학교 파업'을 시작했습니다. 매주 금요일, 학교를 결석하고
스웨덴 의회 앞에 가서 시위를 벌였습니다.

"지금 우리에게 필요한 것은 희망이 아니라 행동입니다. 행동에 나서야만 다시 희망을 품을 수 있게 될 것이기 때문입니다."

그렇습니다. 우리는 진실을 다 알고 있습니다. 다만 행동에 나서지 않을 뿐입니다. 화석연료를 더 이상 태우지 말아야 한다는 사실은 누구나 알고 있지만 화석연료를 포기하지 못합니다.

노벨 평화상 후보자로도 거론되는 이 소녀에 대한 온갖 험담과 조롱, 가짜 뉴스가 떠돕니다. 하지만 어린 소녀는 훨씬 어른스럽게 대응합니다.

"어떤 사람들은 제 증상을 가지고 저를 조롱합니다. 하지만, 아스퍼거는 질병이 아니라 선물입니다. 그들은 아스퍼거 증후군에 속한 제가 혼자의 힘으로 이 자리에 섰을 것이라고 생각하지 않죠. 제가 이 일을 해낸 것은 제가 아스퍼거이기 때문입니다. 제가 '정상'이고 사회적이라면 어떤 조직에 가입하거나 스스로 조직을 만들었겠죠. 하지만 저는 별로 사회적이지 않았기 때문에 이 일을 해낸 것입니다."

그레타는 동료 청소년들에게 외칩니다.

"청소년 여러분, 어른들이 올바른 일을 할 수 있게 계속해서 부담을 주시기 바랍니다."

그나마 다행입니다. 일부 어른들이 부담을 느끼기 시작했으니 말입니다.

2019년 9월 23일, 그레타는 UN 기후행동 정상회의 연설석상에서 세계 정상들을 향해 쓴소리를 했습니다.

"이건 잘못됐어요. 저는 여기에 있어서는 안 됩니다. 바다 건너 있는 학교로 돌아가서 공부를 하고 있어야 해요. 그런데 여러분은 우리 같은 젊은이들에게 희망을 바라며 여기에 오셨다고요? 어떻게 그럴 수 있죠?"

수정

끊임없이 자신을 수선하지 않으면 안 된다

"성인이 된 다음에도 인간은 꾸준히 성장합니다.
몸이 성장하고 지능이 성장하고 인격이 성장하지요."

새는 왜 똑똑해졌을까

'대가리'는 동물의 머리를 뜻하는 표준어입니다. 하지만 일상에서는 '빈 머리'를 속되게 표현할 때 씁니다. '새대가리'가 대표적입니다. 그런데 적절한 표현이 아닙니다. 새가 멍청하지 않다는 것은 이미 과학적으로 검증이 끝났습니다. 제법 많은 새들이 도구를 사용합니다. 뉴칼레도니아까마귀는 8단계의 문제를 해결합니다. 검은머리박새는 수천 곳이 넘는 장소에 씨앗 같은 먹이를 숨기는데 6개월 후에도 그 장소를 기억하고 찾아냅니다.

새가 똑똑한 이유는 간단한 산수만으로도 추정할 수 있습니다. 늑대와 사람은 체중이 대략 70킬로그램으로 비슷합니다. 그런데 뇌의 크기는 크게 다릅니다. 늑대의 뇌는 200그램에 불과하지만 사람의 뇌는 1,400그램이나 됩니다. 새는 어떨까요? 메추라기는 몸무게가 85그램이고 뇌는 겨우 0.73그램입니다. 1그램도 안 됩니다. 하지만 메추라기의 체중을 늑대와 같은 70킬로그램으로 보정하면 뇌는 무려 600그램이나 됩니다. 늑대보다 세 배나 큰 셈입니다. 새 중에서 가장 똑똑하다고 알려진 뉴칼레도니아까마귀는 몸무게가 220그램이며 뇌는 7.5그램입니다. 몸무게를 사람과 같은 70킬로그램이라고 하면 뇌는 무려 2,390그램이나 됩니다. 사람 뇌보다도 훨씬 큰 셈입니다.

뇌의 크기만으로 지능이 결정되는 것은 아닙니다. 신경세포, 즉 뉴런의 연결 수준과 밀도가 중요합니다. 새의 뇌 뉴런 밀도는 영장류와 비슷합니다. 새와 포유류의 뇌는 작동 방식이 다릅니다. 포유류의 뇌가 IBM이라면 새의 뇌는 애플입니다. 두 컴퓨터의 연산처리과정은 다르지만 출력되는 결과는 같습니다. 마찬가지로 사람과 새의 뇌는 다른 방식으로 작동하지만 그 결과는 같습니다. 이제 더 이상 '새대가리'라는 표현으로 자신의 무지를 드러내지는 마세요.

새는 사회적인 동물입니다. 수만 마리가 한데 어울려 조화롭게 군무를 펼칩니다. 짝짓기를 위해 둥지를 화려하게 장식하고 암컷 앞에서 열정적인 춤을 춥니다. 흉내지빠귀처럼 다른 새의 노래 소리를 흉내 내는 일은 흔합니다. 심지어 회색개똥지빠귀, 구관조, 회색앵무는 사람의 말을 따라 하기도 합니다. 이젠 새가 정말로 똑똑한지 물을 때가 아닙니다. 새가 왜 똑똑해졌는지 물어야 합니다.

새의 가장 큰 특징은 비행입니다. 비행은 에너지를 많이 소모합니다. 새는 비행을 위해 몸을 많이 바꿔야 했습니다. 우선 뼛속을 비워 가볍게 했습니다. 턱뼈 대신 가벼운 부리가 있습니다. 하지만 여러 뼈를 융합해서 최소한의 강도를 확보했습니다. 내장도 바꾸었습니다. 허파는 최대한 키웠습니다. 몸의 5분의 1을 차지합니다. 기낭(공기주머니)을 장착해서 날숨 때도 세포에 산소를 공급할 수 있습니다. 대신 나머지 장기들은 간소화했습니다. 간과 심장, 난소의 크기를 줄였습니다. 방광은 아예 없애버렸습니다.

새는 비행을 위해 몸을 가볍게 하면서도 뇌는 최대한 크게 유지했습니다. 비행술을 익혀야 하기 때문입니다. 빽빽한 나무 사이를 쏜살같이 날아다니기 위해서는 신경계와 운동계를 정교하게 조절해야 합니다. 그렇습니다. 새들은 비행을 위해 똑똑해졌습니다. 그런데 새들은 비행을 하다가 죽습니다. 원숭이가 나무에서 떨어지는 것처럼 어쩌다가 한번 일어나는 일이 아닙니다.

야생 조류 비행 사망 사건은 숱하게 일어납니다. 미국에서는 매년 10억 건 발생합니다. 캐나다에서는 2천5백만 건 발생합니다. 남의 나라만의 일이 아닙니다. 우리나라에서도 매년 8백만 마리의 야생 조류가 비행 중 죽습니다. 하루에 2만 마리가 넘습니다. 범인은 누구일까요?

유리창입니다. 또 대개 서식지를 가로질러 놓여 있는 도로의 투명 방음벽입니다. 새들은 유리를 피하지 못하고 충돌합니다. 아니, 그 똑똑한 새들이 왜 이런 것들을 피하지 못할까요? 투명하면서도 풍광을 반사하는 유리는 진화 과정에서 경험하

새가 유리창에 부딪히는 것을 막기 위해 점, 선 등이 인쇄된 테이프를 붙이거나
불투명한 외장재를 사용하는 '새'친화적 빌딩이 늘어나고 있습니다.

지 못한 새로운 장애물이기 때문입니다. 뇌가 적응하지 못했습니다.

유리벽이나 방음벽에 버드세이버(Bird Saver)라고 하는 맹금류 스티커를 붙여 놓기도 합니다. 새들이 스티커를 보고 무서워서 피할 거라고 생각한 것입니다. 하지만 새들은 꿈쩍도 않고 고정된 그림을 천적으로 생각할 정도로 바보가 아닙니다.

새들은 높이 5센티미터, 폭 10센티미터의 틈만 있으면 비행을 시도합니다. 이것을 '5×10 규칙'이라고 합니다. 건물 유리창과 투명 방음벽에 이 간격 미만으로 점을 찍거나 선을 표시하면 새들은 자신이 지날 수 없다고 생각하고 유리창을 회피하여 비행합니다. 그리 어렵고 귀찮은 일은 아닙니다.

포유류의 특징

포유류는 대체로 온혈동물입니다. 이것을 과학자들은 내온성 동물이라고 표현합니다. 체온을 유지하는 에너지를 몸 안에서 공급받는다는 뜻이지요. 흔히 말하는 냉혈동물은 외온성 동물이라고 하고요. 체온 에너지를 외부에서 얻기 때문이지요. 이들도 햇볕을 쬐면 피가 따뜻해지니 냉혈동물이라는 말은 적절한 말이 아닙니다. 그런데 피가 따뜻하다는 것은 포유류만의 특징이 아닙니다. 새는 완전히 내온성 동물이지요. 또 피가 따뜻한 물고기도 있습니다. 일부 상어 그리고 서대문자연사박물관에서 볼 수 있는 붉평치가 그렇지요. 그렇다면 내온성 또는 온혈은 포유류만의 특징이라고 할 수 없겠네요.

몸이 털로 덮여 있다는 것은 어떨까요? 포유류는 대부분 몸에 털이 있지만 없는 것도 있어요. 고래는 털 대신 두터운 지방층으로 체온을 유지하지요. 또 아르마딜로는 털 대신 딱딱한 갑옷을 입었고, 고슴도치는 털이 가시로 변했네요. 게다가 새와 공룡도 몸이 털로 덮여 있으니 털 역시 포유류만의 특징은 아닌 것 같아요.

그렇다면 알 대신 새끼를 낳는 것? 작은 벌레부터 어류, 양서류, 파충류는 모두 알을 낳네요. 심지어 포유류의 특징을 모두 가지고 있는 새마저 알을 낳고요. 이제야 포유류만의 특징을 찾은 것 같습니다. 하지만 이것도 답은 아닙니다. 왜냐하면 알을 낳는 포유류들이 있거든요. 오리너구리와 가시두더지가 바로 그것입니다. 오리너구리와 가시두더지는 몸이 털로 덮인 온혈동물입니다. 그런데 알을 낳아요. 참 이상한 놈들이지요.

그렇다면 포유류만의 특징은 무엇일까요? 그것은 포유류(哺乳類)라는 이름 안에 들어 있습니다. 먹일 포(哺), 젖 유(乳). 젖을 먹이는 동물이라는 뜻이지요. 우리말로는 젖먹이동물이라고 합니다.

포유류, 그러니까 젖먹이동물은 크게 세 가지로 나눕니다. 사람을 비롯한 대부분의 젖먹이동물은 태반류(胎盤類)입니다. 살아 있는 새끼를 낳지요.

오스트레일리아에 살고 있는 캥거루, 코알라 등은 유대류(有袋類)입니다. 새끼가 태어나기 전에 짧은 기간 동안 어미의 몸에 달려 있는 주머니〔袋〕에서 자라는 동물입니다.

나머지 한 가지는 알을 낳는 오리너구리와 가시두더지가 속한 단공류(單孔類)입니다. 구멍이 하나 있다는 뜻이지요. 다른 포유류들은 오줌과 똥을 누고, 생식하는 데 필요한 구멍이 각각 따로 있는데, 단공류는 이것이 모두 하나의 구멍으로 연결되어 있습니다. 그 구멍을 총배설강이라고 합니다. 이것은 파충류의 특징입니다. 단공류는 포유류보다는 파충류에 더 가까워 보입니다. 그럼에도 불구하고 단공류가 포유류에 속한 데는 이유가 있습니다. 바로 젖먹이동물이라는 특징 때문이죠. 그만큼 젖은 다른 동물과 구분되는 엄청난 차이점입니다.

찰스 다윈은 『종의 기원』에 "젖샘은 모든 포유류 집단에 공통되며 생존에 필수불가결하다. 따라서 젖샘은 극히 이른 시기에 발달했음이 틀림없다"고 썼습니다. 바로 이 젖샘 때문에 다윈은 많은 공격을 받았죠. "포유류 이전에는 젖이 나오는 젖샘

수백 종에 이르던 단공류는 현재 5종(오리너구리, 가시두더지 4종)만
남아 있습니다. 오리너구리는 조류와 파충류, 포유류의 특징을
갖고 있는 독특한 종입니다.

이 없었을 것이다. 포유류의 오래전 조상에서 막 나타난 젖샘에서 찔끔찔끔 흘러나오는 영양분도 거의 없는 액체를 우연히 빨아 먹은 덕에 새끼가 살아남았다는 게 가당키나 하겠느냐!"는 것이었습니다.

이때 오리너구리 같은 단공류가 찰스 다윈에게 좋은 근거가 되었습니다. 오리너구리에게는 젖꼭지가 없습니다. 피부에서 젖이 스며 나오죠. 새끼는 이 젖을 핥아먹으면서 자랍니다. 오리너구리는 알을 낳던 포유류의 조상과, 젖꼭지가 달린 다른 포유류 사이의 중간 형태라고 할 수 있습니다. 젖꼭지는 땀구멍이 진화해서 만들어지거든요.

그런데 흥미로운 사실이 있습니다. 단공류, 유대류, 태반류 할 것 없이 모든 젖먹이동물의 젖 성분이 같다는 것입니다. 젖을 만드는 유전자가 같기 때문입니다. 젖먹이동물이 등장하기도 전에 젖이 생겼다는 뜻이지요.

젖은 새끼에게 양분을 전달하면서 미생물의 공격으로부터 새끼를 보호하는 역할도 해야 했습니다. 단순히 젖에 항생물질이 들어 있다는 말이 아닙니다. 아예 미생물이 젖에 관심을 갖지 않게 하는 장치가 필요했지요. 그래서 택한 것이 젖당입니다. 대부분의 생물은 에너지원으로 포도당을 선호합니다. 그런데 젖에는 포도당 대신 젖당이 들어 있습니다. 박테리아나 효모에게는 낯선 성분입니다. 젖당을 소화시킬 수 있는 효소를 갖고 있지 않거든요. 다행이지요. 만약에 젖에 젖당 대신 포도당이 들어 있었다면 어떤 일이 벌어졌을까요? 엄마의 젖꼭지에는 균이 득실댔을 겁니다.

인류는 정착생활을 하면서 양과 염소 그리고 소에게서 젖을 얻게 되었습니다. 아기들에게 먹이고도 많이 남았지만 성인들은 먹지 못했습니다. 남은 우유가 방치되었습니다. 젖당이라는 영양분이 있는데 이걸 먹는 미생물이 없을 리가 없습니다. 유산균이 바로 그들입니다. 농사를 짓기 시작한 사람들 세계 속으로 유산균이 들어왔습니다. 그들은 사람들이 먹다 남겨놓은 우유를 마구 먹어치웠습니다. 먹었으니 뭔가 배설해야 합니다. 그 배설물로 만들어진 것이 바로 치즈입니다. 치즈는 젖당을 소화하지 못하는 사람에게도 귀한 영양분을 공급했습니다.

치즈는 우리나라 음식이 아닙니다. 우리나라에서 치즈를 처음 만든 분은 벨기에 태생의 지정환 신부님이시죠. 본명은 디디에 세스테벤스. 1959년에 입국한 신부님의 눈에는 한국 사람들의 영양상태가 아주 부실해 보였습니다. 그래서 젖소를 수입해 치즈를 생산했습니다. 한국 낙농업의 선구자죠. 뿐만 아닙니다. 그는 한국의 민주화에도 관심을 갖고 행동했습니다. 인혁당 사건을 규탄하는 시위에 참여했고 1980년 광주 민주화 항쟁이 벌어졌을 때는 우유 트럭을 몰고 광주에 갔지요. 치즈를 먹을 때마다 지정환 신부님을 기억하면 좋겠습니다.

성장을 멈춘 사람들

"당신 양말 자꾸 아무 데나 벗어놓을래요? 자꾸 이러면 나 빵꾸똥꾸라고 그럴 거예요."

"어릴 때 쓰던 말버릇 아직도 못 고쳤어?" (딱밤을 놓습니다.)

"왜 때려! 이 빵꾸똥꾸야!"

혹시 이 대사 기억나십니까? 2009~2010년에 방영된 MBC 시트콤 〈지붕 뚫고 하이킥〉의 한 장면입니다. 빵꾸똥꾸는 해리가 주로 사용하는 말이었죠. 위 장면은 성인이 된 해리가 남편과 티격태격하는 장면입니다. '빵꾸똥꾸'라는 표현에 대해 방송통신위원회는 비속어니 쓰지 말라고 권고했지만 시청자들은 개의치 않았습니다. 원래 방귀(빵꾸)와 똥구멍(똥꾸)은 모든 어린이들이 가장 재밌어 하는 말이고, 아이들이 쓰는 경우에는 어른들도 딱히 불쾌감을 느끼지 않거든요.

하지만 이 말을 어른들끼리 쓰면 큰일이 납니다. 완전 욕이거든요. 영어권 나라에서 'Asshole!', 독일어권 나라에서 'Arschloch!'라는 소리를 들으면 일단 멱살부터 잡고 봐야 합니다. 그 나라 최악의 욕을 먹은 것이니까요.

사람들이 방귀, 항문을 욕에 사용하는 이유는 이것들이 더럽고, 가까이 해서는 안 된다는 것을 강조하기 위해서였을 겁니다. 어릴 때부터 위생관념을 키워주기 위해서였다는 것이지요.

먹으면 나올 수밖에 없는 것이 배설물입니다. 정착생활을 하는 동물은 배설물 처리에 꽤 공을 들입니다. 성체 새들의 배설물은 거의 액체 수준입니다. (도시에 살다보면 비둘기 똥 한두 번쯤은 맞아보지 않나요?) 하지만 어린 새들의 배설물은 얇은 막으로 둘러싸여 있습니다. 어미가 부리로 물어서 처리할 수 있도록 생리학적인 진화를 한 것이죠. 먹이는 새끼의 장을 자극합니다. 먹이를 받아먹은 새끼는 엉덩이를 살짝 둥지 바깥쪽으로 돌려서 금방 배설을 하죠. 어미는 그것을 부리로 받아서 가능하면 멀리 가져다 버립니다. 두 가지 이유가 있지요. 첫째는 새끼들에게 깨끗한 환경을 마련해주기 위해서고 둘째는 천적에게 새끼의 냄새를 노출시키지 않고 따돌리기 위한 것입니다.

그런데 꾀꼬리는 새끼의 배설물을 먹어치웁니다. 꾀꼬리 새끼는 아직 소화능력이 뛰어나지 않아서 배설물에 영양분이 많거든요. 꾀꼬리는 새끼 똥으로 허기진 배를 채우는 셈입니다. 대신 자기가 먼 곳을 날아다니면서 묽은 똥을 배설하죠.

사람이 개와 같이 살게 된 데도 똥이 한몫했습니다. 늑대는 사람과 함께 살게 된 첫 번째 동물입니다. 늑대는 자신의 의지로 인간을 동반자로 선택하고 개가 되었죠. 개는 놀기만 해도 먹고살 수 있었습니다. 가끔 인간들이 사냥할 때 재미 삼아 거들기만 하면 되었죠. 인간의 입장에서도 나쁘지 않았습니다. 다른 가축을 지켜주기도 했고 무엇보다도 아이들이 아무 데나 누어놓은 똥을 처리해주었거든요. 정착생활을 하는 인간에게는 아주 유용한 위생도구였던 셈입니다. 인간을 반려자로 정한 개의 선택은 정말 탁월했습니다. 요즘은 인간의 똥을 먹어치우는 게 아니라 자신의 똥마저 인간들이 알아서 치우도록 인간을 훈련시켰으니 말입니다.

입이 먼저 생겼을까요, 아니면 항문이 먼저 생겼을까요? 당연히 입이 먼저겠죠. 일단 먹은 게 있어야 배설을 할 테니까요. 그런데 처음에는 입과 항문의 구분이 없었습니다. 초기에 진화한 말미잘, 산호, 해파리 같은 강장동물은 아직도 입과 배설기관이 구분되어 있지 않습니다.

항문이 없다고 알려진 생명체가 있기는 합니다. 바로 빗해파리죠. 그런데 그게 가능할까요? 먹이를 100퍼센트 소화해서 자기 몸의 구성성분과 에너지로 전환하는 게 가능할까요? 그럴 리는 없습니다. 빗해파리도 배설을 해야 할 때는 항문이 생깁니다. 장이 충분히 부풀면 장과 연결된 피부에 구멍이 생겨서 배설이 되고 다시 막히는 겁니다. 일생의 90퍼센트는 항문이 없는 셈이죠. 따지고 보면 우리와 크게 다르지 않습니다. 우리도 거의 닫고 살잖아요.

동물은 크게 2배엽성 동물과 3배엽성 동물로 나눕니다. 쉽게 말하면 신경과 근육이 없으면 2배엽성 동물이고 신경과 근육이 있으면 3배엽성 동물입니다. 해면동물과 강장동물이 2배엽성 동물이죠. 2배엽성 동물은 입이 곧 항문이고 항문이 곧 입이죠. 우리가 알고 있는 대부분의 동물은 3배엽성 동물로 신경과 근육이 있습니다. 3배엽성 동물은 다시 선구(先口)동물과 후구(後口)동물로 나눕니다.

수정란이 배아로 발생하는 과정에 표면에 구멍이 생겨서 반대편으로 나오는 관이 만들어집니다. 이 관이 나중에 창자가 되는 것이죠. 그런데 이때 먼저 생긴 구멍이 입이 되는 동물을 선구동물이라고 합니다. 오징어 같은 연체동물과 곤충들이 선구동물입니다. 후구동물은 먼저 생긴 구멍이 항문이 되고 나중에 생긴 구멍이 입이 되는 동물입니다. 등뼈가 있는 척추동물들이 여기에 속하죠. 그러니까 우리는 후구동물입니다.

생각해보죠. 인간의 수정란이 발생하기 시작할 때 가장 먼저 생긴 구멍이 항문이 됩니다. 그러니까 수정란이 인간이 되는 어느 순간에는 우리에게 항문만 있는 셈이죠. 한때 우리는 모두 항문 그 자체였던 셈입니다. 우리는 모두 빵꾸똥꾸였던 것이죠. 그런데 왜 이게 욕이 되었을까요?

정자와 난자가 수정된 순간부터 출생에 이르기까지, 출생한 이후 성인이 되기까지, 그리고 성인이 된 다음에도 인간은 꾸준히 성장합니다. 몸이 성장하고 지능이 성장하고 인격이 성장하지요. 그런데 몸과 지능은 충분히 성장했는데 인격의 성장이 멈춰버린 사람들이 있습니다. 적절한 성장을 멈추는 데 그치지 않고 오히려 퇴행해서 세상 사람들에게 피해를 줍니다.

정상적으로 성장한 사람들은 참아야 합니다. 하지만 때로는 참지 못하고 자신도 모르게 욕이 튀어나오죠. Asshole! Arschloch! 야, 이 빵꾸똥꾸야! 참으로 과학적인 욕입니다.

겸손

할 수 없는 것을 아는 것

"그냥 운과 재주입니다.
적절하게 포기할 줄도 알아야 합니다."

해와 달이라는 운

"지구에서 가장 가까운 별은 무엇일까요?"

이렇게 물어보면 다양한 답이 나옵니다. 가장 많은 대답은 달, 수성, 금성, 그리고 화성입니다. 당연히 틀린 답입니다. 왜냐하면 별은 자기 자신을 태우면서 열과 빛을 발산하는 천체이기 때문입니다. 그다음에 나오는 대답은 알파 센타우리, 또는 프록시마 센타우리입니다. 하지만 아쉽게도 틀렸습니다. 두 별은 지구에서 각각 4.4광년, 4.2광년이나 떨어져 있습니다. 빛의 속도로 날아가도 4년 넘게 걸리는 아주 먼 별입니다.

질문에 맞는 답은 '태양'입니다. 우리가 아는 별들은 모두 밤에 보이기 때문에 낮을 환히 밝히는 태양은 별로 생각하지

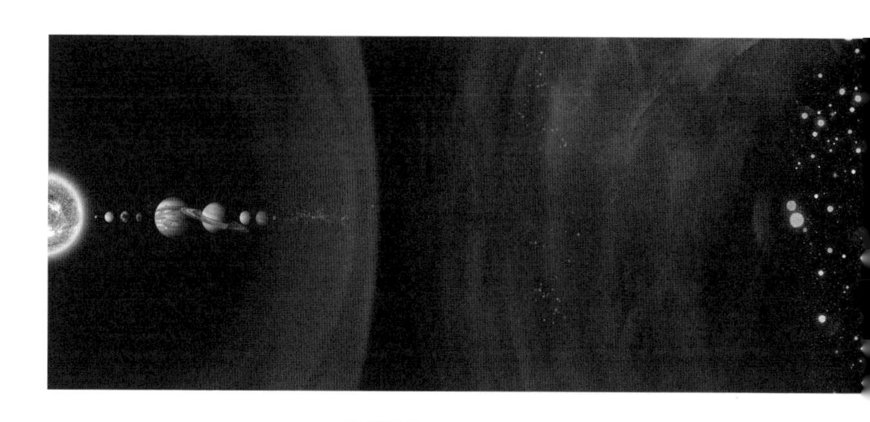

우리 태양계(왼쪽)와 알파 센타우리, 프록시마 센타우리(오른쪽)

못하는 경우가 많을 뿐 태양도 별입니다.

우리 은하에만 별이 1천억 개가 있습니다. 우주에는 은하가 1천억 개 넘게 있습니다. 따라서 우주에는 1천억 개 곱하기 1천억 개 이상의 별이 있는 셈입니다. 태양은 그 많은 별 가운데 하나인 아주 평범한 별입니다. 그런데 태양은 우리에게 특별합니다. 이유는 단 한 가지. 바로 지구와 가깝기 때문입니다.

태양은 지구와 얼마나 가까울까요? 지구에서 태양까지의 거리는 1억 5천만 킬로미터입니다. 너무 먼 거리라서 감이 잘 오지 않습니다. 1초에 지구를 일곱 바퀴 반이나 돈다는 빛의 속도로도 (계절에 따라 다르지만 대략) 8분 19~20초가 걸리는 곳에 태양이 있습니다. 그런데 놀랍게도 이렇게 멀리 있는 태양이 지구에서 가장 가까운 별이라는 사실 때문에 지구에 생명체가 살 수 있습니다. 지금보다 지구가 더 먼 데 있었다면, 예를 들어 지구가 화성의 위치에 있었다면 어땠을까요? 아니면 반대로 더 가까웠다면, 그러니까 지구가 금성의 위치에 있었다면요? 고민할 필요도 없습니다. 지금의 화성과 금성을 보면 됩니다. 지구에 생명체가 살 수 없었을 것입니다. 지구는 절묘한 위치에 놓여 있습니다. 이것을 과학자들은 동화의 표현을 빌려 '골디락스 존'이라고 합니다.

50억 년 전에 생긴 태양 안에서는 수소 원자핵이 헬륨 핵으로 변하는 핵융합 반응이 끊임없이 일어납니다. 이때 수소 핵의 질량 가운데 일부가 에너지로 변합니다. 그것이 우리가 받고 있는 햇빛입니다. 우리가 사용하는 에너지는 모두 햇빛에서 왔습니다. 햇빛은 이산화탄소와 물을 포도당으로 만들어주기 때문입니다. 태양 에너지는 지구 생명체 대부분에게 (그렇습니다, 전부는 아닙니다.) 생명의 근원으로 작용하고 있습니다. 물론 지구도 한몫했습니다. 이산화탄소와 물을 준비하고 있으니 말입니다.

지구에 생명이 탄생하는 데는 태양이 결정적인 역할을 했습니다. 하지만 이럴 때마다 우리가 잊고 있는 천체가 하나 있습니다. 지구와 가장 가까운 천체, 즉 달입니다. 달은 지구의 위성입니다. 지구에 비해 지름은 4분의 1, 부피는 50분의 1, 질량은 83분의 1밖에 안 됩니다. 질량이 작으니 중력도 작습니다. 지구 중력의 6분의 1입니다. 이렇게 작고 보잘것없는 천체인 달도 지구 생명체의 등장에 결정적인 역할을 했습니다. 달이 없으면 지구에 생명체도 없었습니다. 이유는 한 가지, 바로 지구와 가까이 있기 때문입니다. 달까지는 빛의 속도로 겨우 1.2초밖에 안 걸립니다. (이렇게 가까운 달에 발을 디뎌본 사람은 겨우 열두 명밖에 안 됩니다.)

그런데 가만! 달이 왜 저기 있는 것일까요? 50억 년 전에 태양이 만들어지고 46억 년 전에 지구가 탄생했습니다. 그때만 해도 태양계는 아주 복잡했습니다. 수많은 소행성과 혜성들이 마구 돌아다니면서 행성들과 충돌하고 있었습니다. 어떤 생명체도 살고 있지 않았으니 망정이지 누군가 살고 있었다면 지옥이 따로 없었을 것입니다.

지구가 형성되고 불과 2천만 년이 지났을 때의 일입니다. 지금의 화성만 한 행성이 지구와 충돌했습니다. 그 행성의 이름은 테이아입니다.

무슨 일이 벌어졌을까요? 제가 주먹으로 벽을 치면 벽만 부서지는 게 아니라 제 주먹도 다치는 것과 마찬가지의 일이 일어났습니다. 테이아가 지구와 충돌하자, 지구도 상당 부분이 파편이 되어 우주로 떨어져 나갔습니다. 작은 조각들이 지구 주변을 돌다가 뭉쳐져서 만들어진 것이 바로 달입니다.

달은 지구에 계절을 선물했습니다. 지구에 계절이 있는 이유는 지구 자전축이 23.5도 기울어져 있기 때문입니다. 그래서 태양 주변을 공전할 때 햇빛을 받는 각도가 달라져서 계절이 생기고 또 지구가 받는 태양열이 지구로 골고루 퍼지게 됩니다. 그런데 지구의 자전축을 안정적으로 잡아주고 있는 게 바로 달입니다.

만약에 달이 없어진다면 어떤 일이 일어날까요? 지구 자전

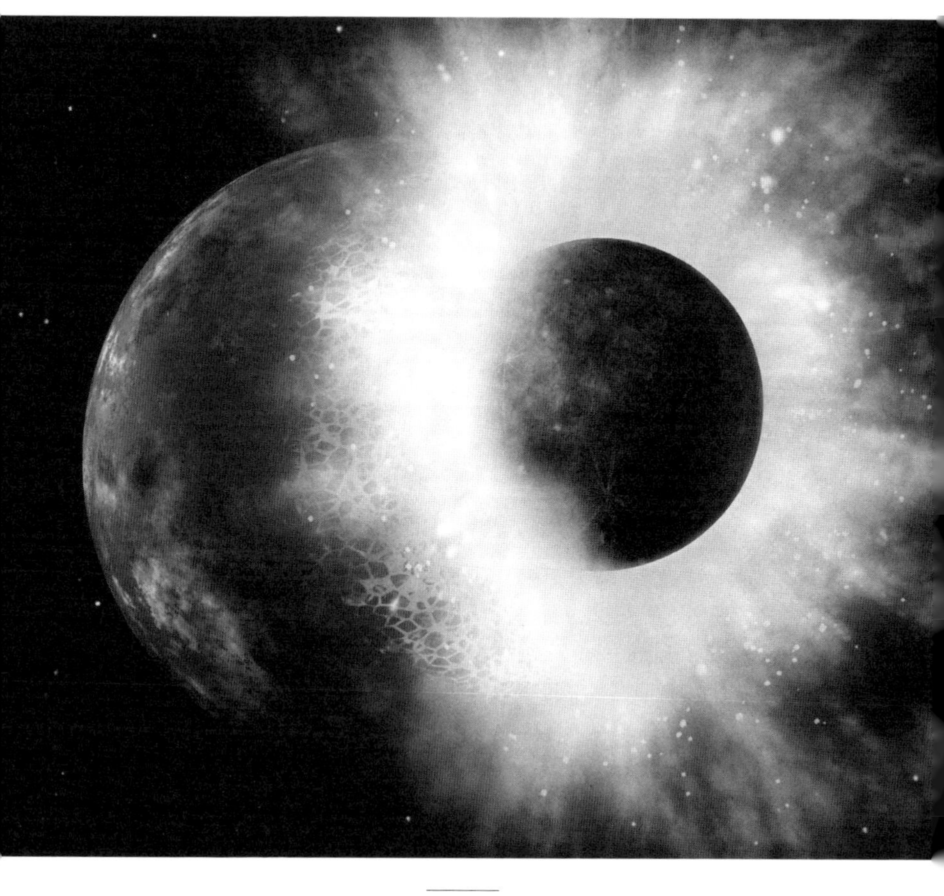

거대충돌 가설 상상도.
지구와 거대충돌체가 충돌한 뒤 떨어져나간 파편들로 달이 만들어졌다는 것이
달의 탄생에 대한 유력한 가설입니다.

축이 요동치게 됩니다. 극심한 기후 변화가 일어납니다. 극지방이 열대로 변하고 적도지방에는 혹한이 찾아옵니다. 이런 일이 반복됩니다. 매일 슈퍼폭풍이 지구를 지배합니다.

또 달이 사라진다면 밀물과 썰물의 차이가 지금보다 30퍼센트 이하로 줄어듭니다. 바다는 항상 일정한 수심을 유지하게 됩니다. 갯벌이 항상 물에 잠겨 있게 되므로 조개와 낙지 같은 어패류는 살지 못하게 됩니다. 바닷물은 순환이 되지 않아 산소가 부족해져서 물고기들이 살기 힘들어집니다. 조수 간만의 차이를 이용해 전기를 생산하는 조력 발전은 생각도 못하게 됩니다. 달이 없으면 밤은 그야말로 칠흑으로 변하고 맙니다. 올빼미 같은 야행성 동물은 존재하지 않을 것입니다.

달이 없으면 주말도 없습니다. 태양과 달의 운행을 관찰하면서 자연스럽게 등장한 것이 바로 달력입니다. 하루와 한 해는 태양의 운행에 따라 정해지지만 일주일과 한 달은 달의 운행에 따라 정해집니다.

태양의 지름은 달의 400배입니다. 그런데 지구-태양의 거리 역시 지구-달 거리의 400배입니다. 덕분에 달이 태양을 완전히 가리는 개기일식이 일어날 수 있습니다. 하지만 언제까지나 그런 것은 아닙니다. 달은 지구에서 점점 멀어지고 있습니다. 중력의 크기가 달라지고 지축도 달라집니다. 50억 년 후엔 태양은 점점 부풀어 올라서 지구를 삼켜버리게 됩니다.

태양-지구-달의 관계가 지금처럼 놓인 것은 순전히 운입니다. 그 운으로 우리가 살고 있습니다.

적도의 경험

서호주의 광대한 사막을 탐험한 적이 있습니다. 자동차에는 내비게이션이 장착되어 있었습니다. 그런데 노란 바탕의 화면에는 파란 줄만 달랑 하나 있었습니다. 그냥 사막에서 앞으로 쭉 나가면 된다는 뜻이었지만 저는 내비게이션이 망가졌다고 착각했습니다. 하지만 괜찮았습니다. 저희에게는 태양이 있으니까요.

북반구나 남반구나 해가 뜨는 쪽은 동쪽입니다. 그리고 해가 뜨는 쪽을 오른쪽에 두었을 때 제 앞쪽이 북쪽입니다. 그런데 그림자의 이동 방향이 다릅니다. 북반구에서는 해가 동쪽에서 떠서 남쪽을 지나 서쪽으로 지기 때문에 낮에는 나무 그림자가 북쪽을 향합니다. 하지만 남반구에서는 해가 동쪽에서 떠서 북쪽을 지나 서쪽으로 집니다. 따라서 낮에는 나무 그림자가 남쪽을 향합니다. 그러니 자신이 북반구에 있는지, 남반구에 있는지만 잊지 않고 있으면 해든 달이든 별이든 천체를 이용해서 방향을 쉽게 찾을 수 있습니다. 비만 오지 않는다면 말입니다.

갈라파고스에 가려면 에콰도르에 들러야 합니다. 에콰도르는 나라 이름 자체가 '적도'라는 뜻의 스페인어입니다. 에콰도르에 간 사람치고 수도 키토에 있는 '적도공원'에 들리지 않는 사람은 없을 것입니다. 가보면 특별히 볼 것은 없습니다. 하지만 한 발은 북반구에, 다른 한 발은 남반구에 딛고 서보는 경험을 하고 싶어서 갑니다. 또 코리올리 힘이 작용하지 않는 현장을 목격하고 싶기도 합니다.

지구는 자전하기 때문에 그 위에 있는 물체는 힘을 받습니다. 이것을 코리올리 힘 또는 전향력이라고 합니다. 북반구에서 태풍이 오른쪽으로 돌면서 이동하고, 변기물이 오른쪽 방향으로 돌면서 빠져 나가는 게 바로 코리올리 힘 때문입니다. 남반구에서는 반대쪽으로 작용합니다. 그렇다면 적도에서는 어떨까요? 코리올리 힘이 작용하지 않습니다. 그래서 대부분의 로켓 발사대가 적도 지방에 존재합니다.

적도에 왔으니 다른 사람처럼 못 위에 달걀을 세워보려고 시도해봤습니다. 세우지 못했습니다. 코리올리 힘이 나타나지 않는다고 해서 못 위에 달걀을 세울 수 있는 것도 아니고 적도가 아닌 지역이라고 해서 절대로 서지 않는 것도 아닙니다. 그냥 운과 재주입니다. 적절하게 포기할 줄도 알아야 합니다.

삶의 무게

우리말에서는 '개' 자가 붙은 것치고 좋은 게 없지요. '개살구', '개떡', '개죽음', '개꿈', '개고생'처럼 말입니다. 그런데 스웨덴에서는 '개 같은'이 좋은 뜻으로 쓰입니다. 믿지 못하시겠다면 스웨덴 영화 〈개 같은 내 인생〉(1985)을 떠올려보세요.

영화는 열두 살 사내아이 잉에마르의 성장통을 보여줍니다. 아빠는 지구 반대편에 일하러 갔고 엄마는 병들었지요. 방학이 되자 삼촌 집으로 보내졌습니다. 가기 싫었습니다. 그런데 아이러니하게도 음습한 엄마 집과 달리 삼촌 집은 화사합니다. 북유럽의 쓸쓸한 늦가을 풍경과 푸른 들판에서 한가로이 풀을 뜯어 먹는 목가적인 여름 풍경처럼 대비가 확연합니다.

영화에서 '개 같은'은 나쁜 뜻은 아닙니다. 하지만 자기가 결정하지 못하는 삶이라는 뜻으로 쓰인 것은 분명하죠. 영화에는 두 마리의 개가 등장합니다. 잉에마르가 키우는 개 싱킨과 세상에서 가장 유명한 개 라이카입니다. 라이카는 모스크바 거리를 떠돌던 유기견이었습니다. 러시아 우주과학자의 눈에 띄었지요. 그리고 1957년 11월 3일 스푸트니크 2호에 실려 우주로 떠났습니다. 최초로 지구 궤도에 오른 생명체가 되었지요. 잉에마르는 싱킨을 두고 떠나면서 라이카를 떠올립니다. 라이카가 우주에서 홀로 떠돌면서 느꼈을 두려움과 고독을 걱정한 것이죠. 라이카는 발사된 지 수 시간 만에 스트레스와 열을 이기지 못하고 죽습니다. 싱킨도 잉에마르가 떠나 있던 사이에 외롭게 죽지요.

영화가 말하는 것은 뭘까요? 잉에마르나 라이카 그리고 싱킨의 삶은 자신이 결정한 것이 아니었습니다. 행복과 슬픔이 반복되는 삶의 조건은 우리가 결정하지 않는다는 것입니다. 감독은 말합니다. 이럴 때는 아침이 올 때까지 어깨를 들썩이며 울라고 말입니다. 그러면 삶의 무게는 다시 깃털처럼 가벼워진다고 말입니다.

말은 변하기 마련입니다. '개망나니', '개수작', '개나발' 같은 말은 우리가 개를 그다지 존중하거나 사랑하지 않을 때 생긴 말이지요. 애견인 천만 명 시대에는 적당한 말이 아닙니다. 요즘 우리나라 젊은이들은 '개-'라는 접두사를 긍정적으로 쓰고 있어요. '개이득', '개좋다', '개맛있다'처럼 말이죠.

저는 과학을 공부하면 인간은 더욱 겸손해질 수 있다고 말하고는 합니다. 스웨덴의 보건학자이자 통계학자인 한스 로슬링은 겸손은 자신의 지식과 본능의 한계를 인정하는 것, 모른다고 말하는 걸 어려워하지 않는 것, 새로운 사실을 알게 되면 기존의 의견을 기꺼이 바꾸는 것이라고 말합니다. 이와 같은 겸손이 바로 과학적 사고가 만들어주는 자세입니다. 과학 지식은 계속 쌓이고 변하기에 훌륭한 과학자는 자신의 한계를 인정합니다. 아울러 새로운 사실을 접하면 기존의 연구방법에 과감한 변화를 시도합니다. 이처럼 과학자와 같은 사고를 내재한다면 인간은 조금 더 겸손하게 세상과 사물, 그리고 사람을 바라볼 수 있을 것입니다.

공감

인류 진화의 원동력

"옥시토신이 분비되면 위로가 됩니다.
즉 위로하는 데 가장 좋은 방법은 안아주는 겁니다."

미국 청년 제이슨 헌터는 어머니 장례식장에 온 동네 사람들에게서 어머니의 포옹이 위로가 됐다는 이야기를 들었습니다. 그는 2001년부터 프리허그닷컴을 만들어 길거리에서 그냥 안아주는 행위를 합니다.

그런데 정말로 포옹을 하면 위로가 될까요? 궁금하면 해보는 게 과학자입니다. 2003년 미국 노스캐롤라이나 대학의 심리학 연구팀이 단순한 실험을 했습니다. 성인 커플 100쌍을 두 그룹으로 나눈 후 각 커플에게 최근 받은 스트레스에 대해 이야기하게 했습니다. 이때 A그룹은 이야기를 하기 전에 포옹을 하게 했고, B그룹은 그냥 이야기만 하게 했습니다. 그리고 이야기를 마친 후 혈압과 심장박동을 측정했습니다. 결과는 기대한 대로였습니다. A그룹보다 B그룹의 혈압이 높았고 심장박동은 더 빨랐습니다. 원인은 한 가지, 호르몬이었습니다. 포옹을 한 그룹은 옥시토신이 많이 분비되었고, 이야기만 나눈 그룹은 코르티솔이 많이 분비되었습니다.

포옹을 한 그룹에서 높게 나온 옥시토신은 제가 고등학교에 다닐 때는 '자궁 수축 호르몬'이라고만 배웠습니다. 옥시토신은 여성이 아기를 낳을 때 뇌에서 분비되면서 자궁을 수축시켜 아기가 산도를 통해 빠져 나오게 돕습니다. 아기를 출산한 산

모의 젖 분비를 돕는 역할도 합니다. 엄마가 아기에게 하는 것보다 더 큰 사랑이 어디에 있겠습니까? 엄마의 사랑을 가능하게 하는 호르몬이 바로 옥시토신인 것입니다. 그래서인지 요즘 옥시토신은 일명 '사랑의 호르몬'으로 통합니다.

키스와 포옹을 할 때도 옥시토신이 많이 분비됩니다. 그렇다면 다른 질문을 할 수 있습니다. 혹시 옥시토신 분비가 많아져서 키스와 포옹 같은 진한 사랑의 행동을 하는 게 아닐까 하고 말입니다. 실험 방법은 의외로 간단합니다. 쥐의 뇌에 옥시토신을 주입한 후 관찰하는 것입니다. 이 실험의 결과도 역시 기대한 대로였습니다. 옥시토신을 주입받은 쥐들의 애정 행위 정도가 높았습니다. 그렇다면 우리는 호르몬의 지배에 따라 행동하는 것일까요? 이것은 선후의 문제가 아닙니다. 포옹하면 옥시토신이 높아지고 옥시토신이 높아지면 포옹을 하게 됩니다.

각 호르몬의 기능은 한 가지가 아닙니다. 상황과 장소에 따라 다양한 기능을 수행합니다. 코르티솔도 마찬가지입니다. 코르티솔은 흔히 '스트레스 호르몬'으로 통합니다. 신경계를 흥분시켜서 혈압을 올리고 호흡을 가쁘게 만듭니다. 스트레스 쌓이는 이야기를 하다보면 코르티솔이 분비될 수밖에 없습니다. 그런데 자연은 쓸데없는 일을 하지 않습니다. 코르티솔이 나와야 상한 몸과 마음이 회복됩니다. 코르티솔이 나오는 상황을 막아야지 분비된 코르티솔을 미워하면 안 되는 겁니다.

옥시토신은 코르티솔 같은 스트레스 호르몬의 분비를 억제하고 통증을 줄이며 긴장을 푸는 데도 도움이 됩니다. 사랑을 하면 옥시토신이 분비됩니다. 옥시토신이 분비되면 위로가 됩니다. 즉 위로하는 데 가장 좋은 방법은 안아주는 겁니다. 하지만 그 많은 사람을 다 어떻게 안아주겠습니까? 그렇다면 적어도 사랑이 느껴지는 말을 건네보는 건 어떨까요?

얼마 전 경기도 안양의 인덕원 고등학교에서 강연을 했습니다. 18일 동안 사막 탐사를 다녀온 직후라 몸과 마음이 지친 상태였습니다. 강연 내내 육체적으로 힘들었습니다. 그런데 질의응답 시간에 몸 상태가 점점 좋아졌습니다. 끊임없이 이어지는 학생들의 진지한 질문에 답하면서 기분이 좋아진 것입니다. 학생들의 질문을 받으면서 '나는 이 친구들에게 사랑받고 있구나'라는 생각이 들었습니다.

한편으로는 궁금했습니다. '어떻게 인덕원 고등학교 학생들은 이렇게 따뜻할까?' 아이들과 이야기를 나누며 학교를 나오면서 깨달았습니다. 학교 정문 위에 교정 쪽에서만 보이는 가로로 기다란 전광판이 있었습니다. 전광판에는 이렇게 적혀 있었습니다.

"수고했어, 오늘도!"

고된 하루 일과를 마치고 돌아가는 아이들에게 위로를 건네는 학교 정문이라니…. 아이들은 학교를 나설 때마다 선생님의 포옹을 받는 기분이 아닐까요.

동물을 위한 축제

카니발이란 말을 들으면 가장 먼저 무슨 생각이 드시나요? 아마 고급 승합차를 떠올리는 분이 많을 겁니다. 저도 그렇습니다. 그런데 독일에서 자란 제 딸에게 카니발은 곧 사탕을 의미했습니다. 제가 살던 독일 본과 인근의 쾰른은 카니발로 유명한 도시입니다. 카니발은 매년 2월 중하순경에 열리는 축제인데 온갖 분장을 한 축제 행렬이 구경하는 사람들에게 사탕을 뿌립니다. 이때 제 딸아이는 일 년 동안 먹고도 남을 사탕을 확보하곤 했습니다.

즐겁기는 하지만 한편으로는 어이없는 풍경이죠. 원래 카니발(carnival)은 '고기(carne)를 없애다(levare)'라는 뜻의 라틴어에서 왔습니다. 그래서 사육제(謝肉祭)라고도 합니다. 기독교에는 예수가 고난을 받고 십자가에 못 박혀 죽은 후 부활하기 전까지 40일 동안을 사순절로 지키는 전통이 있습니다. 사순절 기간에는 고기를 먹지 않습니다. 이게 쉬운 일이 아니잖아요. 그래서 사순절이 되기 전에 맘껏 먹고 놀자는 생각에 시작된 것이 바로 카니발입니다.

카니발은 단지 독일 라인 강가 도시에서만 열리는 것은 아닙니다. 이탈리아의 베네치아 사육제, 프랑스의 니스 사육제도 유명합니다. 브라질 리우데자네이루 사육제는 한때 우리나라에서 중계하기도 했죠. 단순히 먹고 마시는 데 그치지 않고 약간의 광기와 심각한 풍기 문란이 만연하는 현장이기도 합니다. 한편으로는 즐겁고 다른 한편으로는 씁쓸하기도 하죠.

프랑스의 작곡가 카미유 생상도 사육제를 즐겼나봅니다. 그는 1886년 사육제 음악회를 위해 '동물의 사육제'라는 관현악곡을 작곡했습니다. 무려 14악장에 달하지만 전혀 지루하지 않습니다. 스토리가 있어서 재밌거든요.

1악장의 주인공은 사자입니다. 사자는 당연히 왕이죠. 그래서인지 피아노의 굉음이 지배하고 그 배경에는 콘트라베이스의 저음이 깔립니다. 2악장에는 닭이 등장합니다. 클라리넷과 작은 현악기가 활약합니다. 3악장은 흥분한 당나귀가 여기저기 뛰어다니는 모습을 두 대의 피아노가 빠른 스케일로 옥타브를 넘나들며 연주합니다. 4~6악장은 거북이, 코끼리, 캥거루가 주인공입니다. 음악만 들어도 그 주인공을 짐작할 수 있습니다. 7악장은 수족관입니다. 생상은 수족관을 도대체 어떻게 표현했을까요? 물고기는 소리도 내지 못하는데요. 하모니카가 등장해서 환상적인 멜로디를 연주합니다. 산호초 속을 쏜살같이 달리는 물고기가 그려지지요. 다시 8악장부터는 노새, 뻐꾸기, 큰 새를 연주합니다. 11악장과 12악장이 특히 재밌습니다. 11악장의 주인공은 피아니스트입니다. 그렇죠. 사람이 빠져서는 안 되죠. 12악장의 주인공은 화석입니다. 멸종한 생물들이죠. 해골들이 춤춥니다. 당연히 단조입니다.

생상의 '동물의 사육제'는 군더더기 없는 축제입니다. 그렇다면 현실 속의 동물 축제는 어떨까요? 네팔에서 가장 큰 축제는 티하르입니다. 5일 동안의 주인공은 동물입니다. 까마귀, 개, 암소, 황소, 사람이 차례대로 주인공이 됩니다. 첫째 날에는 불운을 상징하는 까마귀에게 음식을 제공하면서 비애와 슬픔을 피하게 해달라고 빕니다. 둘째 날에는 개에게 꽃목걸이를 걸어주고 맛있는 음식을 바치죠. 셋째 날에는 가정에 부를 가져오는 암소, 넷째 날에는 농사를 도와주는 황소에게 꽃목걸이와 풀을 바칩니다. 마지막 다섯째 날에는 남자와 여자 형제가 서로에게 장수와 번영을 빌어줍니다.

동물과 함께 살고 동물의 도움으로 살아가는 사람들이 동물을 위한 축제를 열어주는 것은 자연스러운 일입니다. 대부분의 선진국에서는 반려동물을 위한 축제가 크게 열리지요. 물론 우리나라에도 수많은 동물 축제가 있습니다. 얼마나 있을까요? 무려 86개입니다. 모두 동물이 주인공입니다. 어떤 동물이 가장 많을까요? 아무래도 어른 아이 할 것 없이 모두 좋아하는 포유류와 조류가 많을 것 같지만 그렇지 않습니다. 의외로 어류가 77개로 가장 많고, 연체동물이 28개입니다. 곤충도 4개이고요. 포유류는 15개입니다.

왜 물고기 축제가 그렇게 많을까요? 구하기 쉽기 때문입니다. 맨손잡기나 낚시 같은 체험 행사로 고통을 가해도 아무 소리도 내지 못하기 때문이지요. 그렇습니다. 우리의 동물 축제는 동물에게 감사하고 상을 내리고 복을 빌어주는 축제가 아니라 동물에게 스트레스를 주면서 상해를 입히고 결국에는 잡아먹는 축제입니다. 동물을 죽음에 이르는 축제인 것이지요. 축제 이름에 동물이 들어 있지만 동물은 주인공이 아니고 학대의 대상인 경우가 대부분이죠.

가장 성공적인 축제라고 알려진 화천의 산천어 축제는 어떤가요. 놀랍게도 강원도 화천에는 산천어가 살지 않습니다. 화천에서 바다로 가려면 태백산맥을 넘어야 하기 때문이죠. 그런데도 화천군은 산천어를 주제로 우리나라에서 가장 유명한 지역 축제를 만들었습니다. 산천어 축제에는 산천어가 무려 76만 마리나 동원됩니다. 자기가 살던 곳도 아닌 곳에 실려가서 반경 2킬로미터의 빙판에 갇혔다가 낚싯바늘에 걸립니다. 동물을 먹는 행위가 나쁘다는 게 아닙니다. 그들에게 축제라는 이름으로 고통을 주는 게 옳지 않다는 것이지요. 심지어 메뚜기 축제에서는 잡은 메뚜기를 먹지도 않습니다. 그냥 버리지요.

사로잡히지 않은 산천어는 결국 병에 걸려 죽거나 굶어 죽습니다. 밀도가 너무 높은데다가 자기가 살던 동네가 아니거든요. 나비 축제가 끝나고 남은 애벌레와 알 그리고 번데기의 운명 역시 비슷합니다. 쓰레기로 소각됩니다. 카니발은 고기를 멀리하는 행위여야 합니다. 혹시 카니발을 동족살해를 뜻하는 카니발리즘(cannibalism)과 헷갈리는 것이 아닌가 하는 생각이 들 정도입니다.

부모님은 동물과 교류하며 공감능력을 키우기를 바라면서 아이들을 '생태축제'로 포장된 동물 축제에 데리고 갔을 겁니다. 하지만 그 결과는 정반대입니다. 원래 있던 공감능력마저 잃어버립니다.

우리나라에도 모범적인 동물 축제가 있습니다. 군산 세계 철새축제, 서천 철새여행, 시흥 갯골체험축제가 바로 그것입니다. 만지지 않고 그냥 바라보기만 하는 것입니다.

고래 귀 안의 도청장치

제가 기억하는 최고의 방송 사고는 '내 귀에 도청장치' 소동입니다. 88올림픽이 열리기 한 달쯤 전인 1988년 8월 4일 MBC 〈뉴스데스크〉 생방송 도중에 일어난 사건이지요. 강성구 앵커가 서울시 지하철 노선 증설과 이를 위한 재원 조달 방안을 소개하는 순간 한 젊은이가 스튜디오에 뛰어들어서 "귓속에 도청장치가 들어 있습니다! 여러분! 귓속에 도청장치가 들어 있습니다!"라고 외쳤죠.

경찰에 따르면 선반공으로 일하던 청년이 점심시간에 축구를 하다가 공에 맞아 오른쪽 귀 고막이 파열되고 귀에서 진동음이 계속 들리자 정신착란 증세를 보인 것 같다고 합니다. 이후에도 청년은 1991년 연세대학교 도서관 광장에서 나체 시위를 벌이는 등 '내 귀에 도청장치' 소동을 몇 차례 반복했습니다.

귀에서 이상한 소리를 듣는 경험을 하는 사람들은 제법 많습니다. 같은 방에 있는 다른 사람에게는 전혀 들리지 않는 소리를 느끼는 현상이죠. 이명(耳鳴)이라고 합니다. 마치 귀에 새가 사는 것처럼 새소리가 들린다는 뜻입니다. 물론 새소리가 들리는 건 아닙니다. 아름다운 새소리라고 해도 참기 힘들 텐데 신경에 거슬리는 소리가 들립니다. 귀 주변의 핏줄이나 근육 이상 때문에 생기는 주기적인 소리가 들리기도 하고 '윙',

'쏴'처럼 원인을 알 수 없는 비주기적인 소리가 들리기도 합니다. 뇌에 종양이 생겼을 경우에도 이명 현상이 생깁니다.

이명은 치료할 수 있습니다. 미세혈관의 혈액 순환을 개선시키는 약을 복용하거나 다른 소음을 발생시켜 귓속에서 들리는 이상한 소리를 덮어버리는 장치를 쓰기도 하지요. 소음제거 이어폰과 같은 원리입니다. 이명 자체를 습관화시키는 치료법도 있습니다. 여러 가지 방법을 적절히 사용해서 이명 환자의 80퍼센트는 증세가 호전됩니다.

이명 때문에 사람이 아파서 죽지는 않습니다. 하지만 이명은 인간이 가장 견디기 힘든 고통 가운데 하나라고 평가될 정도로 괴로운 일입니다. 오죽하면 생방송 뉴스를 진행하고 있는 스튜디오에 뛰어들고 대학 도서관 광장에서 나체 시위를 벌였겠어요?

수조에 갇힌 돌고래는 평생을 이명 현상에 시달리면서 삽니다. 그것도 하루 종일 말입니다. 안타까운 일은 이명이 자신의 신체 이상 때문에 생기는 게 아니라는 겁니다. 신체 이상이라면 치유를 기대할 수 있는데 그들이 살고 있는 환경 때문이라 자연적으로는 해결 방법이 없습니다.

돌고래와 고래는 사회적인 동물입니다. 의사소통을 해야 하지요. 포유동물의 기본적인 의사소통 수단은 소리입니다. 우리도 그렇잖아요. 글이야 불과 수천 년 전에야 생긴 것이고요. 우리도 목에서 소리를 내어 마음을 주고받습니다. 바다에 사는 돌고래와 고래에게도 소리는 아주 중요한 의사소통 수단입니다. 아무리 깨끗한 바다라고 해도 깊이가 60미터만 되어도 앞이 보이지 않거든요. 몸짓이나 표정은 아무 소용이 없습니다.

당연히 짝짓기에서도 소리는 중요합니다. 소리를 오래 내는 수컷이 짝짓기에 유리합니다. 소리를 오래 낸다는 것은 몸집이 크다는 뜻이니까요. 고래가 내는 소리를 우리 인간은 듣지 못합니다. 사람은 20~2만 헤르츠의 소리를 듣습니다. 흔히 말하는 가청 주파수이지요. 그런데 고래는 보통 12~25헤르츠의 소리로 대화합니다. 사람은 듣지 못하는 아주 낮은 음입니다. 낮은 음은 아주 멀리까지 전달된다는 특징이 있습니다. 대양을 누비고 사는 고래에게는 딱이지요.

사람의 가청 주파수를 넘어가는 2만 헤르츠 이상의 소리를 초음파라고 합니다. 돌고래는 머리에 있는 비도라는 기관에서 초음파를 쏩니다. 초음파가 어딘가에 부딪혀서 돌아오겠죠. 이것을 반향이라고 합니다. 반향은 아래턱에 있는 지방층에서 받아들이죠. 이 방식으로 앞에 어떤 장애물이 있는지, 어떤 먹잇감이 있는지 알 수 있습니다. 이것을 반향정위(反響定位, Echolocation)라고 합니다. 반사되는 소리로 위치를 안다는 뜻입니다. 물론 초음파를 쏘는 곳이 한 군데뿐이면 거리는 측정할 수 있지만 방향은 알 수 없겠지요. 우리가 양 눈이 있어서 정확한 거리를 알고 또 양쪽 귀가 있어서 방향을 알 수 있는 것과 같습니다. 돌고래 역시 두 개의 기관에서 초음파를 발생시킵니다.

따라서 이들은 쉬지 않고 초음파를 발사합니다. 그래야 살 수 있거든요. 수족관에 사는 돌고래도 마찬가지입니다. 어떤 일이 벌어질까요? 이명 현상에 시달립니다. 돌고래는 원래 드넓은 바다에서 삽니다. 하루에 100킬로미터 이상 헤엄칩니다. 자신이 발생시킨 초음파는 자기에게 돌아오지 않는 경우가 많고 돌아온다고 해도 한 번만 돌아오지요. 그 정보를 유용하게 사용합니다. 그런데 사방이 막힌 수조에서는 어떤 일이 벌어질까요? 자신이 발생시킨 초음파가 사방 벽에 반사되면서 계속해서 자기에게 돌아옵니다. 소음입니다. 피할 수가 없는 이명이 되는 것이죠. 1988년 '내 귀에 도청장치' 청년이 겪었을 고통을 생각해봅니다. 얼마나 힘들었을까요?

2000년대 이후 돌고래를 가둬둔 수족관이 줄어들고 있습니다. 하지만 아직도 지구에는 돌고래 쇼를 하는 수족관이 60여 개나 남아 있습니다. 수족관의 크기를 점차 키우고 있지만 소용없는 노릇입니다. 아무리 커봤자 수족관은 수족관일 뿐이고 돌고래의 고통은 사라지지 않거든요.

생태학자 최재천 선생은 "죽기 전에 이 세상 수족관에 있는 모든 돌고래를 한 마리도 빠짐없이 바다로 돌려보내는 과업을 마무리할 생각이다"라고 했습니다. 사실 방법은 간단합니다. 우리가 돌고래 쇼를 보지 않으면 됩니다.

검증

수많은 검증을 통과해야만 과학

"자연선택과 인위선택의 결과가 달랐습니다.
왜냐하면 환경이 달랐기 때문이죠."

21세기의 지동설

'자연' 또는 '천연'이라는 말은 묘한 매력이 있습니다. 옷감의 경우 나일론보다 천연 섬유를 더 좋아합니다. 먹거리는 더합니다. 하다못해 광어도 양식보다 자연산이 훨씬 비싸죠. 화학 비료를 뿌려서 키운 농작물보다는 유기농으로 키운 것을 더 좋아하고요. 반대로 '화학'에 대해서는 거부감이 있습니다. 그런데 이 세상에 화학물질이 아닌 것은 없습니다. 우리 몸의 세포 자체가 복잡한 화학반응이 무수히 일어나는 정교한 화학공장이니까요.

요즘 와인을 좋아하는 분들이 많습니다. 와인의 효능을 얘기할 때 빠지지 않는 화학물질이 하나 있습니다. 바로 폴리페놀입니다. 폴리페놀은 포도뿐만 아니라 여러 식물에서 흔하게 발견되는 화학물질로 그 종류가 4,000가지쯤 됩니다. 포도의 안토시아닌, 커피의 클로로겐산, 메밀의 루틴, 콩의 이소플라본, 차의 카테킨이 모두 폴리페놀입니다. 모두 식품의 좋은 효능을 얘기할 때 거론되는 화학물질들이죠.

폴리페놀이 좋은 효과를 내는 이유는 항산화 작용을 하기 때문입니다. 산소와 결합하는 것을 막아준다는 뜻입니다. 산소는 의외로 많은 경우에 독으로 작용하거든요. 생각해보세요. 철판에 산소가 결합되면 녹이 슬어 부서지죠. 유전자에 나쁜 영향을 주기도 합니다. 우리 몸에 산소가 필요한 이유는 마치 양초를 태우듯이 우리 몸의 영양분을 태우기 위해서입니다. 나머지 경우에는 산소가 안 좋은 역할을 합니다. 그래서 폴리페놀 같은 항산화물질이 몸에 좋은 것이지요.

폴리페놀은 사과에도 들어 있습니다. 사과를 깎아놓고 가만히 두면 갈색으로 변합니다. 이걸 갈변이라고 하지요. 항산화물질인 폴리페놀이 오히려 산화되어서 생기는 현상입니다. 갈색으로 변한 사과는 먹음직스럽지가 않습니다. 그래서 사람들은 몇 가지 꾀를 냈습니다. 간단한 방법은 산소와 사과가 만나지 못하게 하는 겁니다. 사과를 공기 차단력이 좋은 그릇에 보관하거나 주방 랩으로 싸놓습니다. 폴리페놀 산화 효소가 작용하지 못하게 하는 방법도 있습니다. 사과를 살짝 데칩니다. 폴리페놀을 산화시키는 단백질 효소를 망가뜨리는 것이지요. 식초나 소금물에 담가두는 것도 마찬가지 원리입니다.

갈변을 막는 방법이 여러 가지 있지만 제 어머니는 이런 방법들을 한번도 써본 적이 없습니다. 귀찮기 때문이죠. 어쩔 수 없이 깎아놓은 사과는 한번에 다 먹어치우는 게 우리 집 방식이 되었습니다. 뭐, 큰일은 아닙니다. 깎은 후 먹지 않고 남기는 경우는 거의 없으니까요. 그런데 농산물 가운데는 수확 후 시간이 지나면 껍질을 벗기지 않아도 갈변 현상이 일어나는 것들이 많이 있습니다. 재배가 쉽지 않고 가격도 비싼 버섯에서 갈변 현상이 일어나면 농부의 입장에서는 매우 속상하지요.

과학자들은 근본적인 해결책을 찾았습니다. 갈변은 폴리페놀을 산화시키는 단백질, 즉 갈변 효소 때문에 일어나니까 이 갈변 효소가 아예 생기지 않게 하는 것이지요. 어떻게 한 가지 단백질 효소만 생기지 않게 유전자를 조작할까요? 불과 얼마 전까지만 해도 상상할 수 없는 일이었습니다. 그런데 이제는 방법이 있습니다. 바로 유전자 가위 기술이죠. 유전자 가위로 갈변 효소가 작동하지 못하게 합니다. 유전자를 침묵시키는 기술이지요.

우리가 먹는 모든 농산물은 1만 년 전에는 지금과 같은 모습이 아니었습니다. 농부들이 오랜 시간에 걸쳐서 육종을 통해 만들어낸 것입니다. 예를 들어 옥수수 가운데 더 크고 맛이 좋은 것을 골라 다음 해 농사지을 때 씨앗으로 사용하는 일을 반복하다보니 옥수수의 모습이 완전히 달라졌습니다. 다른 품종을 교배해서 더 좋은 형질을 가진 개체를 골라내기도 했습니다. 이렇게 해서 씨 없는 수박, 방울토마토, 호박고구마, 금싸라기참외 같은 것들이 만들어졌죠. 그 어느 것 하나 자연 그대로인 것은 없습니다. 새로운 유전자가 도입되었습니다.

전통적인 육종에서는 교배가 가능한 종의 유전자만 도입되지만 실험실에서 만들어진 GMO는 교배가 불가능한 종의 유전자도 도입되었습니다. 분명히 육종과 GMO 사이에는 차이가 있습니다. 그렇다고 해서 GMO 식품이 무작정 위험한 것만은 아닙니다. 차분히 생각해보죠.

우리나라가 수입하는 GMO는 콩과 옥수수입니다. 그렇다고 해서 우리가 콩과 옥수수를 통째로 먹지는 않습니다. 콩에서 기름을 짜내고 옥수수에서는 녹말을 얻을 뿐이죠. 유전자 조작은 DNA에서 일어나고 조작의 산물은 단백질입니다. GMO 식물에 들어 있는 물과 non-GMO 식물에 들어 있는 물이 다를까요? 그럴 리가 없습니다. 물은 그냥 H_2O일 뿐입니다. 마찬가지로 GMO 콩에서 나온 기름과 non-GMO 콩에서 나온 기름 사이에는 아무런 차이가 없고 GMO 옥수수에서 나온 녹말과 non-GMO 옥수수에서 나온 녹말 사이에도 아무런 차이가 없습니다. 녹말이 다 같은 녹말이지 무슨 차이가 있겠습니까?

화학적으로는 아무런 차이가 없지만 소비자의 입장에서는 그와 상관없이 안심하고 선택하고 싶어 합니다. 그래서 GMO 완전표시제를 요구합니다. GMO 콩으로 만든 식용유에는 GMO 표시를 하자는 것이지요. 마트 선반에 놓인 식용유 가운데 소비자들은 어떤 식용유를 고를까요? 대부분의 소비자들은 non-GMO 식용유를 선택할 것입니다. 생산자는 문제가 없습니다. non-GMO 콩으로 식용유를 생산하면 되니까요. 생산자는 별다른 손해가 없습니다. 단지 소비자들이 비싼 식용유를 구입할 뿐입니다.

GMO 식품은 1996년에 시작되었지만 사실 그동안 성과는 거의 없습니다. 식물에는 보통 3~10만 개의 유전자가 있는데 외부 유전자를 고작 한두 개 주입하는 기술이니까요. 비용만 많이 들었습니다. 엄청난 돈과 노력을 들여서 안전성을 검사하고 홍보하였지만 소비자의 호감도는 전혀 나아지지 않았습니다. 그런데 유전자 가위 기술은 다른 시대를 열었습니다. 과거에는 유전자 하나를 바꾸는 데 몇 달, 몇 년이 걸리던 일이 이젠 며칠이면 될 테니까요.

육종과 GMO는 외부 유전자가 들어갔다는 점에서는 근본적으로 같습니다. 그럼에도 불구하고 GMO는 여전히 환영받지 못하고 있지요. GMO는 21세기의 지동설 같은 존재입니다.

제2의 녹색혁명

"정모야, 네가 살아 있는 동안 지구 인구는 두 배가 될 거야." 중학교 때 사회 선생님이 굳이 제 이름을 걸고서 하신 말씀입니다. 제가 태어난 해에 35억 명이었던 인구는 이제 76억 명을 넘어섰으니 정말로 제가 살아 있는 동안 두 배가 훌쩍 넘어버렸습니다. 제가 대한민국 기대수명인 83세까지 산다면 제 인생 동안 지구 인구가 세 배 가까이 될 것 같네요. UN은 2050년 세계 인구가 98억 명에 달할 것으로 예측하고 있거든요.

우리는 인구 얘기를 할 때마다 토머스 맬서스의 『인구론』(1798)을 거론합니다. 제 주변에 이 책을 읽은 이는 한 사람도 없습니다. 하지만 이 책의 핵심 주장은 누구나 알고 있죠. "인구 증가는 기하급수적(그러니까 1, 2, 4, 8, 16…)인 데 반해 기대할 수 있는 식량 공급의 증가는 산술급수적(그러니까 1, 2, 3, 4, 5…)이다. 이 차이 때문에 인구를 먹여 살릴 식량이 부족해지고 비참한 결과가 초래될 것이다."

맬서스의 이 주장이 얼마나 강렬했는지 찰스 다윈은 '자연선택'이라는 진화의 동력을 알아차리는 데 결정적인 도움을 받기도 했습니다. 그런데 말입니다. 맬서스가 『인구론』을 쓴 지 320년이 지났고 인구는 말도 못하게 늘었지만 식량이 부족하거나 비참한 결과가 초래하지는 않았습니다. 식량이 골고루 분배되지 못하는 문제가 있어서 여전히 기아가 발생하지만 평균적으로는 오히려 과도한 영양을 섭취하고 있죠.

맬서스는 농업혁명을 상상하지 못했습니다. 인구가 늘어나는 만큼 식량 생산도 늘어났습니다. 곡물을 공급하는 식물들의 진화가 급격하게 일어났기 때문이죠. 진화의 원동력은 자연선택입니다. 그런데 농업혁명의 원동력은 농부들에 의한 인위선택, 즉 육종이었습니다. 자연선택과 인위선택의 결과가 달랐습니다. 왜냐하면 환경이 달랐기 때문이죠.

자연에서 곡식의 줄기는 길고 가늘어지도록 진화합니다. 이웃 식물의 그늘에 가려지지 않고 높이 자란 식물이 광합성을 많이 하고 후손을 더 많이 남기거든요. 광합성의 결과물이 씨앗보다는 줄기와 잎에 투여되었습니다. 농부들이 처음 재배하기 시작한 곡물이 바로 이런 식물이었죠. 재배하기 힘들었습니다. 가늘고 긴 줄기는 채 추수도 하기 전에 쓰러지기 일쑤였거든요. 비료를 주면 오히려 웃자라서 키우기가 더 힘들었습니다. 기다란 지푸라기로 소쿠리를 만들거나 지붕을 잇거나 모자를 만들 수는 있지만 곡물의 소출이 너무 적었습니다.

미국의 육종학자 노먼 볼로그는 문제를 해결하기 위해 벼, 밀, 옥수수 줄기의 길이는 줄이고 굵기는 늘이려고 했습니다. 감히 식물의 진화에 개입한 것이죠. 필요한 유전자는 지구 어딘가에 있습니다. 1950년대 말~1960년대 초에 그는 전통 밀과 일본의 난쟁이 품종 밀을 교배시켰습니다. 그 결과 반(半)난쟁이 밀 품종이 만들어졌죠. 줄기가 짧고 빳빳했습니다. 질병에 강하고 비료도 잘 들었죠. 더 크고 무거운 이삭이 달려도 수확할 때까지 주저앉지 않고 잘 버텼습니다. 난쟁이 밀은 전 세계로 퍼져 나갔습니다. 세계의 밀 생산량이 크게 증가했습니다. 이 공로로 볼로그는 1970년 노벨 평화상을 받았습니다. 평화상이 맞습니다. 평화는 풍성한 곳간에서 나는 법이니까요.

벼에서도 같은 일이 일어났습니다. 1960년대 중반 필리핀의 국제미작연구소(IRRI)에서 '기적의 쌀'로 일컬어지는 IR8을 비롯한 여러 가지 난쟁이 벼가 개발되었습니다. IR8은 '미작연구소에서 만든 여덟 번째 품종'이라는 뜻입니다. 하지만 IR8은 우리나라의 식량 문제는 해결하지 못했습니다. 우리가 먹는 쌀과 맛이 달랐기 때문입니다. 전 세계 쌀 문화권 사람들은 찰기가 없는 '인디카' 쌀을 주식으로 삼지만 우리나라는 찰기가 많은 '자포니카' 쌀을 주식으로 먹습니다.

그렇다면 개량된 난쟁이 인디카와 재래종 자포니카를 교배하면 어떨까요? 튼튼한 난쟁이 줄기에 찰기가 많은 벼가 달리지 않을까요? 이렇게 만든 품종은 번식력이 없었습니다. 마치 암말과 수탕나귀 사이에서 태어난 노새처럼 말입니다. '인디카와 자포니카의 교배종은 불임'이라는 것이 1920년대 이후 상식이었습니다.

상식을 무시하고 꾸준히 다양한 교배를 시도한 사람이 있었습니다. 서울대 농대 교수를 지낸 고(故) 허문회 교수입니다. 그는 한 개의 자포니카 품종과 두 개의 인디카 품종을 교배하는 3원 교배라는 창의적인 육종법을 사용했습니다. 한 개의 벼 품종을 개발하는 데에는 보통 5~10년이 필요합니다. 허문회 교수는 기간을 줄이기 위해 여름에는 한국에서, 겨울에는 필리핀에서 벼를 재배했습니다. 그 결과 1971년 국제미작연구소에서 667번째로 개발한 품종 IR667이 빛을 보게 되었지요. 생산성이 30퍼센트나 높으면서도 수확한 쌀이 찰졌습니다. 우리는 IR667을 '통일벼'라고 부릅니다. 우리나라에서도 녹색혁명이 일어난 것입니다. 하지만 모두 옛날 일입니다. 1991년부터는 더 이상 통일벼를 재배하지 않습니다. 쌀 소비가 엄청나게 줄었거든요.

인구는 계속 늘고 있지만 녹색혁명은 이제 최대치에 이르렀습니다. 맬서스의 예언이 현실화되지 않으려면 2차 녹색혁명이 필요합니다. 우리는 방법을 알고 있습니다. 그것은 바로 GMO입니다. 저는 그린피스와 마찬가지로 GMO에 반대하지 않습니다만 많은 분들은 아직 두려워하지요. 그렇다면 GMO 없이 식량 문제를 해결할 방법은 없을까요? 있습니다. 육류 소비를 줄이는 겁니다. 동물 사료로 사용되는 곡물 수요만 줄여도 당분간 2차 녹색혁명은 필요 없습니다.

기적의 원소

1718년까지만 해도 알려진 원소는 13개뿐이었습니다. 탄소, 인, 황, 철, 구리, 비소, 은, 주석, 안티몬, 금, 수은, 납, 비스무트가 바로 그것입니다. 1869년 멘델레예프가 주기율표를 발표할 당시 발견된 원소는 63개였습니다.

양성자와 중성자 그리고 전자로 구성된 원자의 구조가 밝혀진 다음부터 인간은 창조자의 역할을 합니다. 없는 원소들도 만들지요. 지금 주기율표에는 118개의 원소가 있지만 우주에 원래 있는 원소는 94개뿐입니다. 나머지는 인간이 만들어낸 것입니다. 과학자들은 자신이 발견하거나 만들어낸 원소에 이름을 붙일 권리를 갖습니다. 당연한 일이지요.

처음에는 원소의 특성을 나타내는 이름을 지었습니다. 세슘(Cs)은 '하늘색'이라는 뜻입니다. 하늘색 불꽃을 내면서 타거든요. 자극적인 냄새가 나는 브로민(Br)은 '불결한 악취'라는 뜻의 그리스어에서 왔습니다.

과학자들은 자신이 존경하는 학자의 이름을 붙이기도 합니다. 아인슈타이늄(Es), 페르뮴(Fm), 멘델레븀(Md), 노벨륨(No), 로렌슘(Lr) 같은 것들이죠. 각각 알베르트 아인슈타인과 엔리코 페르미, 드미트리 멘델레예프, 알프레드 노벨, 어니스트 로렌스를 기린 것입니다.

원소가 발견된 도시 이름도 많이 붙였습니다. 코펜하겐을 뜻하는 하프늄(Hf), 파리를 뜻하는 루테튬(Lu) 같은 것입니다만 알아차리기가 어렵습니다. 가장 복 받은 도시는 스웨덴 스톡홀름 외곽에 있는 작은 도시 이테르비입니다. 이테르비를 기념한 원소는 이트륨(Y), 이터븀(Yb), 터븀(Tb), 어븀(Er) 등 자그마치 네 개나 되니까요.

"과학에는 국경이 없지만 과학자에게는 국적이 있다"는 말이 있지요. 당연히 대륙과 지역 그리고 나라 이름이 붙은 원소들도 많습니다. 유로퓸(Eu)과 아메리슘(Am) 그리고 스칸듐(Sc)은 어느 지역을 말하는지 쉽게 알 수 있습니다. 프랑슘(Fr)과 저마늄(Ge) 역시 딱 봐도 어느 나라인지 알 수 있습니다. 니호늄(Nh)은 어디일까요? 일본입니다. 일본 과학자들이 2004년에 처음 관측하는 데 성공했지요. 2016년부터 공식적으로 니호늄으로 부르게 되었습니다. 코레아늄이 없어서 아쉽지만 그래도 축하해야 할 일이지요.

제가 언급한 원소들 가운데 익숙한 이름이 하나 있을 겁니다. 바로 저마늄(Ge)이죠. 광고에도 많이 나오는 원소입니다. 들어보신 적이 없다고요? '게르마늄'이라는 독일식 이름은 들어보셨을 겁니다. 우리나라에서는 몇 년 전부터 원소 이름을 독일식 대신 영어식 발음으로 부르기로 했습니다.

저마늄은 회백색의 광택이 나는 단단한 물질입니다. 금속과 비금속의 특징을 모두 가지고 있는 특이한 원소죠. 그래서 규소(실리콘)와 함께 반도체에 많이 쓰이는 아주 중요한 자원입니다. 멘델레예프는 저마늄의 자리를 비워두었어요. 덕분에 독일인 화학자 빙클러가 1886년에 발견할 수 있었지요.

우리나라에서는 아무리 화학을 싫어하는 사람이라 해도 저마늄은 압니다. 지구 지각에 50번째로 많은 원소니까 아주 많다고 할 수 있는 것은 아니지만 우리나라에서는 4월 말부터 5월 초까지 엄청나게 많이 팔립니다. 어버이날 선물로 많이 찾거든요. 게르마늄 팔찌, 게르마늄 밥솥, 게르마늄 생수통 등 다양한 형태로 팔립니다. 게르마늄에는 다양한 효능이 있다고 알려져 있기 때문입니다.

첫째, 통증을 줄여줍니다. 신경세포에 흐르는 전자기의 흐름을 조절하기 때문입니다. 둘째, 유해 산소를 줄여줍니다. 그 결과 바이러스 감염이 억제되고 면역력도 높아지죠. 셋째, 고혈압을 예방합니다. 산소 공급이 촉진되어서 혈액의 끈적거리는 성질을 줄여주거든요. 넷째, 암을 치료합니다. 마찬가지로 산소 공급을 늘리기 때문입니다.

유별난 효자, 효녀가 아니더라도 누구나 부모님께 선물하고 자신도 하나쯤 갖고 싶은 물건입니다. 문제는 값이 너무 비싸다는 것이지요. 게르마늄 목걸이는 수십만 원씩 하기도 합니다. 이렇게 건강에 좋은 물건은 의료보험을 적용해줘야 하는 것 아닐까요? 보편적 복지 차원에서 60세 이상 노인에게는 소득과 재산을 따지지 말고 나라에서 하나씩 지급해서 질병을 예방하고 건강을 증진시켜야 하지 않을까요?

도대체 정부와 의료계 그리고 시민단체는 왜 이 문제에 대해 입을 다물고 있을까요? 왜 관심이 없었겠습니까. 당연히 과학자들을 시켜서 효능을 검사했지요. 하지만 아무런 효능이 발견되지 않았습니다. 게르마늄 팔찌는 그냥 돌멩이 팔찌입니다. 패션으로서는 가치가 있을지 모르지만 건강에는 아무런 도움이 되지 않습니다. 게르마늄에서 원적외선이 나오기는 합니다. 하지만 그 에너지는 우리 피부를 0.2밀리미터밖에 침투하지 못합니다. 차라리 뜨거운 물주머니를 안고 자는 게 더 좋습니다.

책임

큰 힘에는 큰 책임이 따른다

"유전자가 모든 것을 결정한다는 것은 옛날 생각입니다."

제2의 프랑켄슈타인 박사

고등학생이 배우는 과학에는 물리, 화학, 생물, 지구과학 네 과목이 있습니다. 여러분은 어느 과목을 제일 좋아하셨나요? 제가 학교 다닐 때는 보통 생물을 제일 편하게 여겼습니다. 그런데 요즘 아이들은 지구과학을 가장 선호한다고 합니다. 여기에는 두 가지 이유가 있습니다. 하나는 훌륭한 지구과학 선생님들이 많아졌다는 것이고, 다른 하나는 생물이 상대적으로 어려워졌기 때문입니다.

제가 학교에 다닐 때 고등학교 생물은 분류학을 크게 벗어나지 않았습니다. 어류는 1심방 1심실에 암모니아로 배설, 포유류는 2심방 2심실에 요소로 배설 같은 것만 외우고 멘델의 유전법칙만 알면 문제를 풀 수 있었죠. 그런데 요즘 생물학은 그렇지가 않아요. DNA가 RNA로 전사되고 다시 RNA가 단백질로 번역되는 복잡한 메커니즘과 각종 효소의 작용을 알아야 하지요. 체세포 복제와 배아 복제도 중요한 항목입니다.

그렇지 않아도 복잡하고 어려워진 생물에 또 하나의 중요한 아이템이 추가되었습니다. '크리스퍼 유전자 가위'가 바로 그것입니다. 세포 안에서 일어나는 모든 일은 단백질 효소가 합니다. 따라서 유전자 가위도 세포 안에서 뭔가를 하는 물질이라면 당연히 단백질 효소일 것입니다. 효소 작용은 복잡하고 설명하기도 어려워요. 그런데 '유전자 가위'라고 하니까 뭔가 감이 확 오지 않습니까? 정말 잘 지은 이름이죠. 이렇게 직관적인 이름을 붙인 데는 다 까닭이 있습니다. 원하는 유전자 부위를 정확하게 자르는 단백질 효소라는 겁니다. 오류 확률이 제로(0)라고 보시면 됩니다.

크리스퍼 유전자 가위 기술은 2013년에 발표되었습니다. 얼마 안 되었죠. 아직 노벨상도 받지 않았습니다. 과학자들은 크리스퍼 유전자 가위의 위력을 금방 간파했습니다. 발표된 이듬해인 2014년에 이미 크리스퍼 유전자 가위로 맞춤 아기가 가능할 것이라는 예측이 나올 정도였습니다. 벌써 칠리고추 맛이 나는 토마토라든지 불면증을 앓는 원숭이를 만들었습니다. 미국과 우리나라에서도 출산이 목적이 아닌 단순 연구 목적으로 인간 배아 유전자를 편집하는 데 성공했지요.

맞춤 아기는 어려운 것일까요? 아닙니다. 사람이라고 해서 다른 동물보다 더 복잡한 생명체가 아니거든요. 체세포 복제로 양을 탄생시켰다면 체세포 복제로 사람 아기를 만들 수 있습니다. 식물과 동물에 크리스퍼 유전자 가위를 사용해서 다른 형질의 생물을 만들었다면 사람에게도 가능하죠. 하지만 전 세계 과학자들이 하지 않고 있을 뿐입니다.

과학자들은 약속을 했습니다. 크리스퍼 유전자 가위를 인간

배아에 적용할 때는 미리 공개하고 허가를 받기로요. 과학자 사회의 자율 규제 시스템을 작동시킨 것입니다. 각 연구기관에는 기관윤리위원회(IRB)가 있어서 치밀한 심사를 합니다. 뿐만 아닙니다. 출산과 관련된 유전자 조작 연구는 대부분의 나라에서 법으로 금지되어 있어요. 종교와 윤리적인 논란이 있기 때문이죠.

과학자들은 시스템을 신뢰합니다. 하지만 문제가 있는 곳도 있지요. 2018년 말 중국의 생물학자 허젠쿠이는 학회에서 기습적인 발표를 했습니다. 에이즈 양성 판정을 받은 부부 여덟 쌍을 대상으로 유전자 편집 아기 실험을 해서 한 부부는 쌍둥이 여아를 낳았고 다른 부부 한 쌍은 임신 초기 상태라는 것이었죠.

어려운 일은 아닙니다. 에이즈는 HIV 바이러스가 면역세포를 파괴해서 생기는 질병입니다. 면역세포 표면에는 바이러스가 들어오는 통로가 있습니다. 허젠쿠이는 크리스퍼 유전자 가위를 사용해서 면역세포 표면에 HIV 바이러스 통로를 만드는 유전자를 잘라냈습니다.

그러면 허젠쿠이는 칭송을 받아야 하지 않을까요? 하지만 반대였습니다. 허젠쿠이는 대학에서 해고당하고 체포되었습니다. 과학자로서의 윤리를 지키지 않았고 법을 어겼기 때문이죠. 그는 에이즈 양성 판정을 받은 부모들에게 유전자 편집 기술을 쓰지 않고도 에이즈를 예방할 수 있다는 사실을 알려주지 않았습니다. 또 잘라낸 유전자가 HIV 바이러스 통로로만 작용하는지 아니면 다른 단백질의 설계도로도 쓰이는지 아직 확인되지 않았습니다. 이런 상황에서 독단적인 실험을 해서 아이를 출산하기까지 했으니 정말 위험한 행위죠.

왜 허젠쿠이 같은 과학자가 등장했을까요? 우리의 가슴 속에 숨겨져 있는 욕망을 읽었기 때문입니다. 크리스퍼 유전자 가위를 이용해서 유전자를 편집하면 정우성의 외모에 손흥민의 축구 실력 그리고 유재석의 예능감이 있는 완벽한 아기를 낳을 수 있지 않을까 하는 기대감이 생기거든요. 그런데 현대 생물학은 그렇지 않다고 분명하게 말하고 있습니다.

유전자가 모든 것을 결정한다는 것은 옛날 생각입니다. 현대 생물학의 중요한 분야인 후성유전학은 유전자만큼이나 양육환경이 중요한 영향을 끼친다고 말합니다. 유전자가 정확히 일치하는 일란성 쌍둥이도 성장환경에 따라 서로 다른 사람으로 성장한다는 것입니다. 눈동자 색깔처럼 전적으로 유전자로 결정되는 것을 제외하고 성격, 지능, 몸무게, 키, 정치적 성향과 윤리의식 등이 전혀 다를 수 있습니다.

크리스퍼 유전자 가위 기술은 인간을 위해 사용해야 합니다. 그러기 위해서는 먼저 유전자 편집 기술의 안정성이 확보

되고 합법화되어서 시민들의 공감대를 얻어야 합니다.

평화적인 목적의 살상무기

"미국의 페르미와 실라르드가 진행한 지난 넉 달 동안의 연구를 통해, 큰 질량의 우라늄의 핵 연쇄반응은 매우 큰 힘과 라듐 비슷한 많은 양의 새로운 원소들을 발생시킬 수 있도록 조절 가능하다는 것이 확실해졌습니다. (…) 이렇게 하여 만들어질 새로운 형태의 폭탄은 가장 낮추어 생각해도 극도로 강력한 폭탄이 될 것입니다."

1939년 8월 2일 알베르트 아인슈타인이 당시 미국의 루스벨트 대통령에게 보낸 편지의 일부입니다. 아인슈타인은 편지에서 미국이 독일보다 빨리 원자폭탄을 개발하여야 한다고 다그쳤습니다. 이 편지 때문에 아인슈타인은 죽을 때까지 후회를 하며 살았지요. 자신이 편지를 보내는 바람에 원자폭탄이 개발되었고 이로 인해 수많은 사람들이 죽고, 세계 냉전체제가 공고히 되었다고 안타까워한 것입니다.

하지만 오해입니다. 자신의 역할을 과대평가하는 것은 모든 사람들의 본능이지요. 아인슈타인도 다르지 않습니다. 아인슈타인의 편지는 실제 원자폭탄 개발과는 별 상관이 없습니다.

그가 보낸 편지를 계기로 '우라늄 위원회'가 구성되기는 했지만 딱 두 번 모였을 뿐입니다. 또 페르미나 실라르드가 실험 재료를 구입하도록 6천 달러를 제공한 것이 전부지요.

핵분열은 1939년 초에 알려졌습니다. 당연히 독일, 프랑스, 영국, 소련, 일본 등 당시 열강의 과학자들은 핵분열을 이용해 원자폭탄을 만들 수 있을 거라는 생각을 했습니다. 따라서 아인슈타인이 없었다고 해도 미국 역시 원자폭탄을 개발했을 것입니다. 원자폭탄은 끔찍한 무기입니다. 정상적인 상황이라면 어떤 과학자도 그런 무기를 개발하고 싶지 않았을 겁니다. 문제는 독일이었습니다. 나치 독일이 원자폭탄을 먼저 개발한다면 온 세계가 나치 치하에 들어갈 수밖에 없다는 생각에 과학자들은 미국이 먼저 원자폭탄을 개발하라고 다그친 것입니다.

처음엔 영국을 생각했습니다. 유럽의 과학자들은 영국에 최대한 많은 정보를 제공했습니다. 영국은 마우드(MAUD) 위원회를 구성했지요. 1941년 7월 마우드 위원회는 10킬로그램의 우라늄-235가 있으면 2년 안에 2킬로그램짜리 원자폭탄을 만들 수 있을 거라고 보고했습니다. 그런데 무슨 일이 있더라도 독일보다 먼저 만들어야 한다는 게 문제였습니다. 영국은 자원과 자금이 부족했습니다. 게다가 영국은 독일의 폭격 사정권 안에 놓여 있었습니다. 독일 폭격기가 날아갈 수 없는 곳, 바로 미국에서 원자폭탄을 개발하는 게 안전했습니다.

1941년 8월 영국의 마우드 위원회는 모든 자료를 미국으로 넘깁니다. 이때 스파이들이 같은 자료를 소련에도 넘깁니다. 미국과 소련은 각각 원자폭탄 개발에 뛰어듭니다. 그리고 석 달 후인 1941년 11월 일본이 하와이 진주만을 폭격합니다. 그러자 속도가 빨라집니다. 이후 단 열흘 만에 미국 정부는 본격적으로 원자폭탄 개발을 시작합니다. 소위 맨해튼 프로젝트가 시작된 것이죠.

예나 지금이나 원자폭탄 개발에 가장 중요한 것은 우라늄 농축시설과 플루토늄 재처리 설비를 갖추는 것입니다. 원자폭탄을 만들려면 우라늄-235가 있어야 합니다. 그런데 자연에 있는 우라늄 가운데 우라늄-235는 단 0.7퍼센트에 불과합니다. 나머지 99.3퍼센트는 우라늄-238입니다. 우라늄-238과 우라늄-235를 분리하고 다시 우라늄-235를 농축하는 게 원자폭탄 개발의 핵심이죠. 2019년 6월 30일 문재인 대통령이 기자회견에서 "영변의 핵 단지가 진정성 있게 완전하게 폐기가 된다면 그것은 되돌릴 수 없는 북한의 실질적 비핵화의 입구가 될 것이라고 판단"한다고 말한 것도 바로 영변에 있는 우라늄 농축시설을 염두에 둔 것입니다.

미국은 1943년 2월부터 테네시 주 오크리지에 우라늄 농축

오크리지에 세워진 우라늄 농축공장 K-25(위). 가스 확산법으로 우라늄을 농축했습니다. 또 다른 우라늄 농축공장인 Y-12 내부 모습(아래). 전자기 분리법으로 농축했습니다.

단지를 건설하기 시작합니다. 여기에 듀폰과 코닥 그리고 유니언 카바이드 사가 참여합니다. 오크리지는 지금도 인구가 3만 명이 되지 않습니다. 당시에는 농가 몇 가구가 있는 촌에 불과했습니다. 그런데 제2차 세계대전 말기에는 미국 전기의 7분의 1을 사용했습니다. 뉴욕 시보다도 전기를 20퍼센트 더 많이 사용했죠. 루스벨트 대통령의 뉴딜 정책 때 건설된 테네시의 수력발전소가 없었다면 원자폭탄 개발은 불가능했을 겁니다.

미국은 농축 우라늄-235를 이용한 원자폭탄 외에 플루토늄을 이용한 원자폭탄도 개발했습니다. 우라늄의 99.3퍼센트를 차지하는 우라늄-238에 중성자를 충돌시키면 플루토늄이 생깁니다. 이것을 이용한 것이지요. 준비된 우라늄-235와 플루토늄을 이용해서 폭탄을 만드는 작업은 뉴멕시코 주에 있는 로스앨러모스 연구소에서 진행되었습니다.

지금으로부터 75년 전의 일입니다. 1945년 7월 16일 오전 5시 29분 45초. 미국 과학자들은 뉴멕시코 주 앨라모고도 사막에서 트리니티 실험을 했습니다. 최초의 원자폭탄을 터뜨린 것입니다. 현장에서 9킬로미터 떨어진 곳에서 지켜보던 과학자들과 정부 고위인사들은 12킬로미터 상공까지 피어오르는 거대한 버섯구름을 보고 맨해튼 프로젝트의 성공을 자축했습니다.

핵실험이 성공했으니 실전용 폭탄을 만들었습니다. 리틀 보이(꼬마)와 팻 맨(뚱보)이 그것입니다. 두 원자폭탄을 어디에 떨어뜨려야 할까요? 원래 목표였던 독일은 이미 항복한 상태였습니다. 4월 30일 히틀러는 자살하고 대부분의 독일군은 5월 초에 항복했습니다. 6월 5일 연합군은 독일과의 전쟁에서 이겼다고 선언합니다. 남은 적은 일본뿐이었습니다.

미국의 트루먼 대통령은 일본의 무조건 항복을 바랐습니다. 원자폭탄이 가져올 대량 인명 살상에 대한 고려는 더 이상 없었습니다. 8월 6일 히로시마에 리틀 보이가 투하되었습니다. 8월 9일 나가사키에 팻 맨이 투하되었습니다. 단 두 발의 폭탄이 20만 명의 목숨을 앗아갔습니다. 그리고 두 도시를 초토화했습니다.

지난 1945년 7월 16일 오전 5시 29분 45초는 지난 500년간 가장 결정적인 순간일 것입니다. 이날 과학자들은 깨달았습니다. 호리병을 빠져 나온 지니는 결코 스스로 호리병 속으로 들어가지 않는다는 것을 말입니다. 호리병은 함부로 문지르는 게 아닙니다.

아름다워서 멸종

제 전공은 생화학이지만 생태 조사를 나가면 주로 조류나 곤충 전문가들을 쫓아다닙니다. 실제로 제가 관찰하는 대상은 조류나 곤충이 아니라 조류학자와 곤충학자죠. 척 보면 어떤 새, 어떤 곤충인지 알아내는 그들의 매서운 눈과 식견에 놀랍니다. 명랑하지만 아주 세심합니다. 미국의 보존생물학자 소어 핸슨이 쓴 『깃털』을 보면 조류학자를 비롯한 자연학자들의 자세를 엿볼 수 있습니다.

"새 관찰의 진정한 경이로움은 깃털과 행동과 습관 등에 대한 세세한 사항을 찬찬히 살피면서 즐거움을 느끼는 관찰 과정에 있다. 아무리 흔한 새라도 흔치 않은 행동을 보이며 모든 관찰은 한 번 흘낏 보고 체크리스트에 표시하는 것 이상의 가치를 지닌다. 나는 작은 것도 놓치지 않으려고 바싹 경계하는 편이다."

이들은 대체로 냉정합니다. 탐사 도중에는 자신의 발자국 소리마저 죽이죠. 보이지 않는 새의 소리를 들어야 하거든요. 특별한 새를 봐도 마음속으로만 감탄할 뿐 현장에서는 숨을 죽입니다. 또 새에 대한 묘사도 지극히 건조합니다. 그런데 자연학자들도 허풍에 가까운 묘사를 할 때가 있습니다.

"긴 깃털을 위로 쳐들고 활짝 펼쳐서 두 개의 근사한 황금빛 부채 모양을 만들었다. (…) 웅크린 몸, 노란색 머리, 에메랄드빛 녹색 목 위로 하늘거리는 황금빛 아름다움이 펼쳐진다."

1858년 앨프리드 러셀 월리스가 뉴기니의 수컷 극락조가 구애 춤을 추는 모습을 묘사한 것입니다. 월리스가 말한 '근사한 황금빛 부채' 같은 날개를 가진 새는 큰극락조입니다. 극락조에 대한 묘사를 보면 화려한 새를 무수히 봐온 월리스마저 얼마나 큰 충격을 받았는지 알 수 있습니다. 극락조는 42종이 있으며 각 종마다 독특한 구애 행동을 합니다.

월리스는 살아 있는 극락조 두 마리를 영국으로 데려왔습니다. 아쉽게도 두 마리 모두 수컷이었습니다. 수컷이 특히 화려하거든요. 그는 비싼 값을 받고 영국 동물원에 새를 팔았습니다. 덤으로 동물원 평생 무료 입장권도 받았죠. 가난한 월리스에게는 좋은 일이었습니다. 멋진 새를 전시하게 된 동물원에는 큰 수입원이 되었습니다. 그런데 그다음에는 어떤 일이 벌어졌을까요?

부유한 사람들은 너도나도 극락조를 원했습니다. 물론 살아 있는 극락조를 야생의 모습으로 영국까지 보낼 방법은 없었습니다. 주문을 받은 뉴기니 부족민은 극락조를 잡아서 쓸모없는 날개와 다리를 잘라버렸습니다. 영국인에게는 극락조에 대한 터무니없는 환상이 퍼졌습니다. 이 새는 날갯짓을 하지 않아도 창공을 떠다닐 수 있고 죽기 전에는 땅에 내릴 일도 없는 극락에 사는 새라는 것입니다. 그래서 이름도 극락조(Bird-of-paradise)가 되었습니다.

영화로 유명해진 타이타닉호에는 별다른 귀중품이 실리지 않았습니다. 그런데 오늘날 가격으로 환산하면 230만 달러(약 27억)의 보험에 가입된 화물이 있었습니다. 새 깃털이 들어 있는 40개의 상자였죠. 당시엔 깃털보다 무게당 가격이 비싼 물건은 다이아몬드밖에 없었습니다. 깃털은 최상의 장식품이었습니다.

극락조를 비롯한 화려한 깃털을 소유한 새는 그 화려함으로 암컷을 유혹합니다. 하지만 그 화려함 덕분에 날개와 다리를 잘린 채 배에 실리곤 했죠. 이게 단지 19세기와 20세기 초의 이야기만은 아닙니다. 현재진행형입니다. 2010년 뉴질랜드의 한 경매에서 후이아라는 새의 꽁지깃 하나가 8400달러(약 1천만 원)에 낙찰됐습니다. 덕분에 후이아는 세상에서 가장 비싼 깃털을 가진 새가 되었지요. 아무리 깃털이 아름답다고 해도 너무 비싸지 않나요? 왜 그렇게 되었을까요?

나중에 영국 왕이 되는 요크 공이 1902년 뉴질랜드를 방문했습니다. 그는 무심코 새의 깃털 하나를 모자에 꽂았습니다. 후이아의 꼬리 깃털이었지요. 후이아 깃털을 모자에 꽂는 것은 금세 영연방 신사 세계에 유행이 되었습니다. 불과 5년 후인 1907년 후이아는 공식적으로 멸종했습니다.

모자 때문에 멸종한 새는 또 있습니다. 미국 동부에 살던 캐

조류학자이자 화가인 존 오듀본이 그린 캐롤라이나앵무.
상주의 국립낙동강생물자원관에 가면 후이아, 캐롤라이나앵무,
파라다이스앵무 박제표본을 볼 수 있습니다.

롤라이나앵무도 그 가운데 하나입니다. 캐롤라이나앵무의 깃털이 도시인들에게 인기였습니다. 농부에게는 총으로 쏴 죽여야 하는 유해 조류였고요. 그런데 캐롤라이나앵무는 부상을 당하거나 죽은 동료가 있으면 주변에 몰려와서 함께 우는 습성이 있었습니다. 덕분에 집단학살을 당했습니다. 1918년에 멸종했습니다.

뉴기니와 마주하고 있는 오스트레일리아 북동부에 살던 파라다이스앵무는 이름 그대로 신비로운 느낌을 주는 새입니다. 깃털이 아름답고 우아하죠. 게다가 잡기도 쉽고 길들이기도 쉬워서 많은 사람들이 애완용으로 키웠습니다. 오스트레일리아 북동부에 거주하는 사람이 늘어나면서 개와 고양이도 늘었습니다. 사람에게도 쉽게 잡히는 새를 고양이와 개가 가만히 두었을 리가 없지요. 손쉬운 사냥감이었습니다. 결국 1927년 멸종되고 말았습니다.

공생

우리는 모두 연결되어 있다

"인간들끼리 잘 어울려 살지도 못하면서
다른 생명과 어떻게 잘 어울려 살 수 있겠습니까."

모두를 살리는 길

저는 장남입니다. 세 동생에 비해 터무니없이 많은 혜택을 받고 자랐죠. 부모님은 동생들보다는 저를 잘 먹이려고 애썼습니다. 아버지와 어머니는 스타일이 많이 달랐습니다. 미국을 유난히 좋아하던 아버지는 미군부대에서 치즈와 항생제를 구해서 제게 마구 투여했고, 민간요법을 신뢰하는 어머니는 녹용을 많이 먹였습니다. 그래서인지 (아버지 주장에 따르면 항생제 덕분에) 저는 잔병치레를 하지 않으면서 (어머니 주장에 따르면 녹용 덕분에) 건강하게 자랐습니다. (절대로 따라 하지 마세요!)

주는 대로 먹으면서도 가슴이 아팠습니다. 동생들에게 미안해서는 아니었고요, 녹용이 사슴뿔이라는 것을 알았기 때문이죠. 어느 날 어머니에게 사슴이 불쌍하다고 이야기했더니 "정모야, 손톱 깎을 때나 이발할 때 아프니?"라고 되물으시더군요. 그래서 저는 자연스럽게 이해했습니다. '사슴도 뿔을 자를 때는 시원하겠구나'라고 말입니다. 여기에 함정이 있었습니다. 어머니는 제 이야기에 제대로 된 답을 해주는 대신 다른 질문으로 제 주의를 돌렸을 뿐입니다. 알고 봤더니 사슴도 뿔을 자를 때는 아프다고 합니다.

사슴뿔이 자랄 때는 피가 공급되고 신경이 연결되어 있습니다. 특히 녹용은 새로 돋은 연한 뿔이잖아요. 녹용이 그냥 손톱

이나 머리카락 같은 것이라면 우리가 왜 그 많은 돈을 주고 먹겠습니까? 당연히 녹용을 채취할 때 사슴은 많이 아픕니다. 그래서 마취주사를 놓고 지혈제를 사용하기도 하죠. 수의사의 참관을 의무로 하는 나라도 있습니다. 물론 녹각은 다릅니다. 빳빳하게 굳어서 저절로 떨어지기도 하는 것이니까요.

그런데 그 많은 녹용들이 다 어디에서 왔을까요? 분명한 것은 제가 먹은 녹용은 우리나라 자연산은 아닙니다. 한반도에는 네 종류의 사슴이 살고 있습니다. 백두산사슴, 대륙사슴, 노루와 고라니입니다.

백두산사슴은 와파티사슴의 만주아종이라고 합니다. 와파티사슴이 뭔지 모르니 그냥 백두산사슴이라고 기억하면 될 것 같습니다. 이름만 봐도 남한에는 살지 않는다는 것을 알 수 있죠.

대륙사슴은 꽃사슴이라고도 불립니다. 목과 등에 하얀 점이 많아서 붙은 이름이죠. 원래는 전국에 살았던 사슴입니다. 한라산 꼭대기에 있는 호수 이름이 백록담(白鹿潭)이잖아요. 흰 사슴이 물을 마시는 곳이라는 뜻입니다. 조선 시대에는 왕실이 따로 구역을 지정해서 키웠습니다. 왕에게 녹용을 바치기 위해서였죠. 조선 왕실이 무너지자 너도나도 대륙사슴을 사냥했습니다. 결국 1910년에 제주에서 사라졌고 1940년대에 남한에서 절멸하고 말았습니다. 녹용 때문에 한반도에서 절멸한 비운의

사슴이죠.

녹용은 뿔이 암컷에게는 없고 수컷에게만 있는 종류의 사슴의 것만 씁니다. 덕분에 암컷에게도 뿔이 나는 순록(루돌프 사슴)에게서는 녹용을 채취하지 않지요. (아무리 생각해도 그 이유는 잘 모르겠습니다. 한의학계에서는 약성이 다르기 때문이라고 합니다.) 대신 고기로 먹습니다. 노루는 수컷에게만 뿔이 있는 사슴입니다. 하지만 노루의 뿔은 녹용으로 쓰지 않습니다.

마지막 하나는 고라니입니다. 고라니는 노루와 쉽게 구분할 수 있습니다. 엉덩이가 하야면 노루입니다. (꽃사슴도 엉덩이가 하얗지만 한국의 자연에 꽃사슴은 이제 없습니다.) 야생 상태에서 뿔이 있으면 노루 수컷입니다. 뿔이 없으면 암컷이거나 고라니죠. 또 하나의 중요한 구분법은 송곳니입니다. 입 바깥으로 길게 나온 송곳니가 있으면 고라니입니다.

고라니는 국제적으로는 멸종위기 '취약' 종입니다. 그런데 우리나라에서는 수렵대상으로 지정되어 있습니다. 고라니는 멧토끼와 더불어 한반도에서만 찾아볼 수 있는 포유류이기 때문입니다. 전 세계 개체수의 60퍼센트가 남한에 있습니다. 대략 60만 마리가 살고 있지요. 천적인 호랑이와 표범 그리고 늑대는 이미 절멸했습니다. 남한 최고 포식자인 삵이나 족제비는 고라니를 사냥하지 못합니다. 고라니 몸무게가 10~22킬로그램으로 제법 크거든요.

노루나 고라니는 풀과 관목의 줄기를 뜯어 먹고 삽니다. 적당한 크기의 영역이 필요하죠. 새끼는 어느 정도 자라거나 다음 새끼가 태어날 때가 되면 어미 곁을 떠나야 합니다. 이때 새끼들은 최악의 천적을 만나게 됩니다. 바로 자동차입니다. 매년 고라니 열 마리 가운데 한 마리가 로드킬을 당합니다. 그 수가 무려 6만 마리에 달합니다. 자동차 도로 1킬로미터당 매년 0.61마리의 고라니가 희생됩니다. 안타까운 일입니다.

왜 고라니는 로드킬을 당해야 할까요? 로드킬을 당하는 고라니는 대부분 한 살 미만의 새끼입니다. 어미 곁을 떠나 새로운 영역을 개척해야 할 때입니다. 한국에서는 자동차 도로를 건너지 않고는 새로운 영역을 찾을 수가 없습니다. 진화 과정에 자동차에 대한 대비란 있을 수 없었습니다. 게다가 새끼라서 자동차에 대한 경험도 없습니다. 밤에 차량 불빛에 노출된 고라니는 일시적으로 눈이 멀게 됩니다. 차를 피할 수가 없지요.

고라니 로드킬의 문제는 단지 고라니만의 문제가 아닙니다. 사람의 문제이기도 합니다. 고라니를 차로 친 운전자는 어떨까요? 자동차에도 충격이 생기지만 더 큰 충격은 운전자가 받습니다. 외상후스트레스장애를 겪을 수밖에 없습니다. 그 수가 매년 6만 명에 달하지요. 고라니와 운전자를 보호하기 위한 대책이 필요합니다. 고라니가 도로로 뛰어들지 못하도록 도로에 울타리를 쳐야 합니다. 그리고 도로가 생길 때마다 최소한의 야생동물 이동로를 만들어야 하지요. 돈은 들지만 그게 고라니와 사람 모두를 살리는 길입니다.

고래는 고기보다 똥이 좋다

〈인디아나 존스〉 시리즈에서 해리슨 포드는 애리조나 대학의 고고학자(라고는 하지만 실제로는 도굴꾼에 가까운) 헨리 월턴 존스 2세 교수 역할을 맡았습니다. 인디아나는 교수의 별명이죠. 인디아나 존스의 실제 모델은 미국인 탐험가 로이 채프먼 앤드루스입니다. 그는 고래, 상어, 늑대 그리고 몽골 도적떼와 중국 병사에게 습격을 당하면서 죽을 고비를 여러 차례 넘겼는데, 그의 에피소드가 〈인디아나 존스〉의 소재가 되었습니다.

하지만 그는 고고학자가 아니라 자연학자였습니다. 실제로 1923년 몽골 고비 사막에서 세계 최초로 공룡 알 화석을 발굴했죠. 이것이 바로 전 세계 자연사박물관 어디에나 모형으로 전시되고 있는 오비랍토르의 알입니다. 덕분에 〈타임〉지의 표지 모델이 되기도 했죠. 그는 미국자연사박물관의 바닥을 청소하고 표본을 정리하는 일로 시작했지만 1934년에는 미국자연사박물관 관장에 취임합니다. 그는 가장 성공한 자연학자 가운데 한 사람입니다.

로이 채프먼 앤드루스는 우리나라와도 인연이 깊습니다. 그의 동상이 울산 장생포에 세워져 있을 정도죠. 앤드루스는 1911년 우리나라에 왔습니다. 미국 스미소니언 박물관에 전시되어 있는 귀신고래가 바로 앤드루스가 1912년 울산에서 채집한 표본입니다.

귀신고래는 보통 회색고래(Gray Whale)로 불립니다. 전체적으로 회색빛을 띠거든요. 그런데 왜 귀신고래라고 부를까요? 해안에서 머리를 세우고 있다가 감쪽같이 사라진다고 해서 붙은 이름이라는 설명이 많습니다. 귀신고래는 바다 바닥에 사는 무척추동물을 주로 먹으니까 있을 수 있는 일입니다. 그래서인지 귀신고래는 온몸에 따개비와 바다벼룩을 붙이고 삽니다. 그래서 더 귀신처럼 보이기도 합니다. 하지만 앤드루스는 다르게 설명합니다. 귀신고래는 포경선이 나타나면 새끼를 구하기 위해 배를 파괴하고 고래잡이를 죽이기도 했기 때문에 붙여진 이름이라는 것이지요. 두 설명 모두 그럴싸합니다. 하지만 귀신고래의 우리말 이름은 쇠고래입니다. 귀신고래나 회색고래는 나중에야 우리나라에 들어온 이름이죠.

앤드루스가 우리나라에 온 이유는 귀신고래를 연구하기 위

쇠고래.

중간 크기의 고래로, 최대 14미터까지 자랍니다. 몸 전체가 회색으로,

따개비 등이 다닥다닥 붙어 기생해서 삽니다.

해서였습니다. 19세기 말까지 캘리포니아에는 귀신고래가 잔뜩 살고 있었습니다. 그런데 1910년경이 되니 캘리포니아 인근에서는 귀신고래를 찾아볼 수가 없게 되었습니다. 기름을 얻기 위해 하도 잡아서 멸종하기에 이른 것이지요. 그때 앤드루스는 한국에 귀신고래가 있다는 소식을 듣습니다.

그런데 현재는 정반대의 상황에 놓여 있습니다. 북아메리카의 태평양 해안에는 귀신고래가 무려 1만 8천 마리 이상 살고 있지만 우리나라를 비롯한 동북아시아에서는 1966년 이후 거의 발견되고 있지 않습니다. 국립수산과학원은 귀신고래에 현상금을 내걸었습니다. 사진으로 찍으면 500만 원, 그물에 걸리거나 좌초한 개체를 신고하면 1천만 원을 주겠다고 할 정도입니다.

그 많던 귀신고래가 왜 사라졌을까요? 이유는 간단합니다. 누군가가 잡아먹었기 때문입니다. 귀신고래는 큰 고래입니다. 길이 15미터, 몸무게 36톤까지 자라지요. 이렇게 커다란 고래를 도대체 누가 잡아먹을 수 있을까요? 귀신고래의 천적은 범고래입니다. 영화 〈프리 윌리〉에 주인공으로 나오는 고래입니다. 범고래는 날카로운 이빨을 가진 이빨 고래류로 영어로는 Killer Whale이라고 할 정도로 사나운 포식동물이죠. 그런데 지구에는 범고래보다 더 무서운 포식자가 있습니다. 바로 사람입니다. 사람들이 다 잡아먹었습니다. 그래서 우리나라 인근에는 귀신고래가 없습니다.

원숭이는 나무에서 떨어져서 죽습니다. 고래는 늙어서 죽습니다. 더 이상 먹이를 찾아다니고 숨을 쉬러 떠오를 힘이 없어지면 죽는 거죠. 어차피 죽을 고래라면 우리가 먹으면 되지 않을까요? 안 됩니다. 더 쓸모가 많거든요. 고래는 바다에서 죽어야 합니다. 그래야 바다 생태계가 유지됩니다. 바다는 넓은데다가 아주 깊습니다. 얕은 바다와 달리 깊은 바다는 아주 황량합니다. 먹을 게 없는 곳입니다. 당연히 생태계가 연결되기 어렵죠. 고래 사체는 황량한 바다의 오아시스 같은 존재입니다.

깊은 바다에 가라앉은 고래 사체가 완전히 사라지는 데 100년 정도가 걸립니다. 처음에는 심해 상어, 먹장어, 게가 몰려와 살을 발라 먹습니다. 그리고 다양한 동물과 미생물이 와서 뼈와 찌꺼기를 먹죠. 깊은 바다에 마치 섬처럼 군데군데 놓인 고래 사체는 심해 생물에게는 오아시스 같은 존재이면서 바다 생태계를 연결하는 징검다리입니다.

살아 있는 고래는 더 큰 역할을 합니다. 지구에서 이산화탄소를 가장 많이 소비하고 산소를 가장 많이 생산하는 생물은 바다에 살고 있는 식물성 플랑크톤입니다. 바다 속의 식물성 플랑크톤이 자라기 위해서는 철 성분이 꼭 필요합니다. 하지만 바닷물에는 철이 부족해요. 플랑크톤을 살려주는 게 바로 고래입니다. 고래는 온 지구 바다를 누비면서 똥을 누거든요. 고래 똥에는 철 성분이 많이 들어 있습니다. 고래 똥이 있는 곳에서는 식물성 플랑크톤이 잘 자랍니다. 식물성 플랑크톤은 광합성을 합니다. 이산화탄소를 이용해서 양분을 만들고 산소를 배출하지요. 양분은 동물성 플랑크톤과 어류를 통해서 우리 사람에게까지 전달됩니다.

고래 고기를 먹지 말아야 하는 이유가 바로 그것입니다. 일본이나 노르웨이에만 책임이 있는 것은 아닙니다. 우리나라도 불법 포획에서 결코 자유롭지 못합니다. 고래가 줄어들면 고래 똥도 줄어듭니다. 식물성 플랑크톤이 줄어들고 지구 온난화는 가속화되겠지요. 우리에게 필요한 것은 고래 고기가 아니라 지구 기후를 지켜주는 고래 똥입니다.

이러지 맙시다, 같은 호모 사피엔스끼리

2000년 11월의 일입니다. 일본의 재야 고고학자 후지무라 신이치가 가짜 석기를 몰래 땅에 파묻는 모습을 촬영한 동영상이 공개되면서 화제가 되었습니다. 후지무라 신이치는 자신이 만든 가짜 유물을 구석기 유적지에 몰래 묻어놓고 마치 발굴해낸 것처럼 행세했던 것이죠.

도대체 왜 이런 일이 벌어졌을까요? 이게 다 쓸데없는 자존심 때문입니다. 그것도 이웃 나라 한국에 대한 의미 없는 열등감에서 비롯된 일이죠. 사건은 1978년으로 거슬러 올라갑니다. 한 여인이 주한 미 공군 기상예보부대에 근무하는 미국인 애인 그렉 보웬과 함께 한탄강변을 산책하고 있었습니다. 여인의 눈에 희한한 돌멩이가 하나 띄었습니다. 누군가가 일부러 깎아낸 것처럼 보였습니다. 다른 사람 같으면 그냥 지나치고 데이트에 집중했을 겁니다. 그런데 그렉 보웬은 미국 애리조나 대학에서 고고학을 전공한 사람입니다. 돌을 숙소로 가져온 그렉 보웬은 당시 한국의 가장 대표적인 고고학자인 김원룡 서울대 박물관장에게 보냈습니다. 김원룡 교수는 그것이 구석기 시대의 주먹도끼인지 한눈에 알아보았고요.

침팬지와 인류가 같은 조상에서 갈라선 때는 대략 700만~500만 년 전의 일입니다. 그때부터 사헬란트로푸스, 아르디피테쿠스, 오스트랄로피테쿠스 같은 인류가 등장하죠. 그러다가 나중에는 호모 ○○○○이라는 인류 종이 나타나잖아요? 이름 앞에 '호모'가 붙는다는 것은 구석기인이라는 뜻입니다. 유골 화석과 함께 석기 화석이 나오면 속명으로 '호모'를 쓰는 것이지요. 이때가 대략 250만 년 전입니다.

그러니까 구석기 시대는 250만 년 전에 시작되었습니다. 구석기 시대는 대략 250만 년 전에서 10만 년 전까지의 전기, 그 이후 4만 년 전까지의 중기, 그리고 1만 년 전까지의 후기로 나눕니다. 김원룡 교수는 연구 끝에 주먹도끼의 연대가 무려 27만 년 전이라는 것을 밝혀냈습니다. 전기 구석기 시대의 유물인 것이죠.

놀랄 일은 따로 있었죠. 경기도 연천군 전곡리에서 나온 주먹도끼의 모습이 놀라웠습니다. 돌을 깨고 양면으로 떼어내어 날카로운 날이 서게 만들었거든요. 이런 석기를 아슐리안 주먹도끼라고 합니다. 프랑스의 생 아슐 유적에서 처음 발견했다고 해서 붙여진 이름이죠. 유럽인들은 아슐리안 주먹도끼에 대해 큰 자부심을 가지고 있습니다. 주먹도끼는 나무를 다듬고, 짐승의 가죽을 벗기고, 고기를 발라내고, 뼈를 부수는 데 썼습니다. 말하자면 '구석기 시대의 맥가이버 칼'이었던 셈이죠. 그리고 이것은 인도를 기준으로 서쪽 지역에서만 발견되었습니다.

그런데 아슐리안 주먹도끼가 아시아의 동쪽 끝에 있는 한반도에서 발견된 것입니다. 전 세계적으로 센세이션이 일어났습니다. 센세이션이라는 사실이 더 놀랍습니다. 프랑스 지역에 살던 구석기인들이 만들 수 있었던 주먹도끼를 한반도에 살던 구석기인이 만든 게 뭐가 대단한 일일까요? 이게 뭐가 특별한 기술이라고 특정한 발명가 집단에서 다른 집단으로 전수되었을 거라고 추정했을까요? 수많은 곳에서 우연히 발생할 수 있는 기술입니다. 생각해보면 별것 아닙니다.

일본 고고학자들도 일본 열도에서 발굴을 열심히 했겠지요? 당연히 성과가 있었습니다. 3만 년 전 구석기를 발견했지요. 그런데 후지무라 신이치는 한반도에서는 27만 년 전 아슐리안 주먹도끼까지 나오는데, 일본 열도에서는 고작 3만 년 전 구석기가 나왔다는 게 참을 수 없었나봅니다. 그래서 저지른 일이 바로 70만 년 전 지층에 석기를 숨긴 것이지요. 하지만 다른 학자와 기자들이 바보가 아니잖아요.

구석기 유적을 조작하는 것은 어려운 일이 아닙니다. 설마 우리가 구석기인들보다 손재주가 없을 리는 없잖아요. 저도 얼마 전에 아슐리안 주먹도끼를 하나 선물 받았습니다. 모조품이 아닙니다. 2019년에 제작된 진품입니다. 전곡선사박물관의 이한용 관장이 한탄강에서 주워온 규암으로 몇 분 만에 뚝딱 만들어준 것이지요. 전곡선사박물관에서는 구석기인들처럼 불을 피우고 석기를 만드는 체험을 할 수 있습니다.

저는 지금 어처구니없는 조작을 한 일본의 재야학자를 비웃으려는 게 아닙니다. 사실 우리 모두 그와 같은 마음을 품고 있거든요. 중국의 저우커우뎬(周口店) 유적박물관을 방문한 적이 있습니다. 아주 발달한 구석기 문화를 가진 베이징원인(原人)의 유적이 있는 곳으로 유네스코 세계유산으로 등록된 곳이죠. 베이징원인은 40~50만 년 전에 살았는데 그때 이미 불을 일상적으로 사용했을 가능성이 큽니다. 그래서인지 중국인들은 베이징원인에 대한 자부심이 아주 큽니다. 심지어 제 앞에서 베이징원인이 중국인의 조상이라고 큰소리를 치는 중국인 학자도 있었지요. 과연 그럴까요?

절대로 그렇지 않습니다. 우리는 호모 사피엔스입니다. 베이징원인은 호모 에렉투스이고요. 지금 중국 사람들은 호모 사피엔스입니다. 호모 에렉투스가 중국인의 조상이 될 수는 없습니다. 전곡리에서 나온 아슐리안 주먹도끼를 만든 사람들도 호모 에렉투스입니다. 그들 역시 우리 조상이 아닙니다. 단지 우리와 같은 땅에 먼저 살았던 다른 종의 인류일 뿐이지요. 일본에서 오래된 구석기 유적이 나온다고 하더라도 그것 역시 현생 일본인과는 아무런 상관이 없는 일입니다.

오스트랄로피테쿠스는 원인(猿人)이라고 합니다. 호모 에렉투스 역시 원인이지만 한자가 다릅니다. 原人이죠. 네안데르탈인은 구인(舊人), 우리 호모 사피엔스는 신인(新人)입니다. 모두 다른 종류의 사람들입니다. 자기네 땅에서 살았던 호모 에렉투스의 유물을 가지고 우쭐대거나 의기소침할 필요는 없습니다.

주먹도끼를 만들었던 호모 에렉투스들이 품은 생각을 함께 나누면 될 일입니다. 우리는 모두 같은 시대를 살고 있는 호모 사피엔스니까요.

호모 사피엔스는 이제 생겨난 지 20만 년밖에 되지 않았습니다. 우리 인류는 더 지속되어야 합니다. 인류가 태어나기 전까지 지구의 어떤 생명도 이름을 가져본 적이 없습니다. 인류가 존재하기 이전에는 우주는 단 한번도 아름답지도, 장엄하지도 못했습니다. 그것은 모두 우리 인류가 붙여준 이름이며 우리 인류가 부른 찬송입니다. 인류는 지구 생명과 우주를 위해서도 더 오래 지속되어야 합니다.

인류의 생존을 조금이라도 더 지속시키기 위해서는 공생의 노력이 필요합니다. 다른 생명들과 어울려 살려면 먼저 우리 주변의 생명과 잘 어울려 살아야 합니다. 바로 인간입니다. 인간들끼리 잘 어울려 살지도 못하면서 다른 생명과 어떻게 잘 어울려 살 수 있겠습니까. 청소하는 아주머니들에게 쉴 공간 하나 못 내주면서 다른 생명의 터전을 생각할 수 있을까요?

다양성

다양할수록 독창적이다

“동물들에게 저마다의 개성과 감정 그리고 지능이 있다는
사실을 불과 수십 년 전까지도 부정했거든요.”

개라고 다 같은 개는 아니다

개만큼 우리와 친근한 동물은 또 없죠. 우리나라만 해도 444만 가구에 666만 마리의 개가 사람과 함께 살고 있습니다. 44퍼센트의 가구가 개를 키우는 미국에는 총 7천8백만 마리의 반려견이 있다고 합니다. 물론 지구에 살고 있는 10억 마리의 개가 모두 반려견인 것은 아닙니다. 7억 5천만 마리는 불결, 질병, 육체적 · 정신적 고통 속에서 혼자 살아갑니다.

개를 키우는 사람들은 서로 개에 대한 많은 이야기를 나누고 정보를 주고받습니다. 그러다보니 개를 잘 안다고 생각하게 되죠.

'종의 다양성'이란 말을 많이 들어보셨을 겁니다. 지구에 살고 있는 생명 종의 수가 급격히 줄면서 생태계의 지속성이 위협받고 있다는 것은 누구나 아는 사실입니다. '종내 다양성'이란 말도 있습니다. 같은 종이라고 하더라도 형태가 다양하고 행동양식도 서로 다르다는 뜻입니다. 어떤 종의 생명을 일반화시켜서 이야기하면 안 된다는 말이지요. 종내 다양성이란 말이 낯선 이유는 과학자들이 그걸 인정하는 데 시간이 오래 걸렸기 때문입니다. 동물학자들은 동물들에게 저마다의 개성과 감정 그리고 지능이 있다는 사실을 불과 수십 년 전까지도 부정했거든요. 개는 이렇다, 늑대는 저렇다라고 단정하곤 했죠.

침팬지 연구로 유명한 제인 구달은 동물을 의인화해서는 안 된다는 선배 동물학자들의 주장을 무시했습니다. 자신이 연구하던 침팬지들에게 골리앗, 플로, 데이비드 그레이비어드라는 식으로 일일이 이름을 붙여주었죠. 그리고 각자의 행동을 관찰하고 기록하면서 영장류 연구의 신기원을 열었습니다.

제인 구달이 이런 태도를 취하게 된 것은 어린 시절 개를 키웠던 경험 때문이었습니다. 제인 구달이 키우던 개의 이름은 러스티였습니다. 러스티는 개도 눈앞에 없는 사물을 기억하고 생각할 수 있다는 사실을 알려주었지요. 제인 구달이 2층에서 창밖으로 공을 던집니다. 공은 더 이상 러스티의 눈에 보이지 않지요. 하지만 러스티는 1층으로 내려가고 집 밖으로 나가서 공을 집어 옵니다. 눈앞에 없는 것도 기억하고 생각하고 전략을 세웠다는 뜻이지요. 또 제인 구달이 부당하게 대접하면 화를 냈고 제인 구달을 웃기려고 들었으며 부끄러운 줄도 알았습니다. 하지만 제가 키우던 개는 전혀 그렇지 않았습니다. 이것이 바로 종내 다양성입니다. 개라고 다 같은 개가 아니라는 것입니다.

그렇다고 해서 우리가 개에 대해서 아무런 이야기도 할 수 없는 것은 아닙니다. 종내 다양성에도 불구하고 개라는 종의 특징이 있으니까요. 개의 학명은 카니스 루푸스 파밀리아리스

(Canis lupus familiaris)입니다. 회색늑대(Canis lupus)의 아종이지요. 개에겐 공통적인 특징이 있습니다. 품종이 다르더라도 말입니다.

희한하게도 개들은 같은 품종을 선호합니다. 품종이 다르면 다르게 대하죠. 절대적이지는 않지만 말이에요. 사실 이것은 사람도 마찬가지입니다. 겉모습이 비슷한 사람에게 더 친근함을 느끼잖아요. 그런데 말입니다. 사람은 자신의 모습을 볼 수 있지만 개는 자신의 모습을 보지 못하는데 어떻게 같은 품종에게 더 친근함을 느끼는 것일까요? 바로 자신에게서 나는 냄새를 알기 때문입니다.

개에게 가장 중요한 감각기관은 코입니다. 사람 역시 코가 좋아서 냄새를 1만 가지나 구분하지만 개는 무려 3만~10만 가지를 구분합니다. 민감성은 100만 배나 높지요. 냄새 분자가 아주 조금만 남아 있어도 맡을 수 있다는 뜻입니다. 당연히 뇌에서 후각이 차지하는 부분이 큽니다. 사람은 뇌의 5퍼센트만 후각에 사용하는데 개는 뇌의 35퍼센트를 후각에 할애합니다. (육식공룡 티라노사우루스도 마찬가지였습니다.) 물론 노력도 엄청 필요합니다. 개는 초당 5회씩 냄새를 들이마십니다. 가만히 두면 하루의 3분의 1을 킁킁거리는 데 쓰지요. 개는 뭐든지 코로 탐구하거든요. 냄새에 너무 몰입한 나머지 주위 환경이 어떻게 생겼는지, 자기가 무엇을 하고 있는지를 놓치기도 합니다.

후각에 비해서 시각은 보잘것없습니다. 개가 6미터 떨어진 곳에서 볼 수 있는 것을 사람은 20미터 멀리서도 볼 수 있지요. 게다가 볼 수 있는 색깔이 다양하지 않습니다. 대략 적록 색각 이상인 사람과 비슷한 정도로 색깔을 구분합니다.

청각은 사람보다 뛰어납니다. 사람이 6미터 떨어진 곳에서 듣는 소리를 개는 24미터 떨어진 곳에서도 듣습니다. 사람의 가청 주파수가 2만 헤르츠 정도인데 개는 5만 헤르츠에 달하니까 훨씬 다양한 소리를 듣는 셈이죠.

그런데 미각은 둔합니다. 사람의 혀에는 맛봉오리가 9,000개나 있는데 개는 대략 1,700개입니다. 개들이 먹이의 맛을 음미하지 않고 허겁지겁 삼키는 게 이해가 되는 대목이지요.

동물의 의사소통을 연구하는 생물학자 마크 베코프는 감각이 이렇게 차이가 나는데도 사람과 개가 서로에게 반려가 되는 데는 결정적인 공통점이 있기 때문이라고 합니다. 그것은 놀이입니다. 아이들은 놀면서 공감, 협동, 정의, 공정, 도덕을 배웁니다. 강아지도 마찬가지죠. 찰스 다윈은 『인간의 유래와 성선택』에서 "강아지, 새끼 고양이, 새끼 양 같은 어린 동물들이 아이들처럼 어울려 놀 때보다 행복한 모습을 더 잘 보여주는 것은 없다"고 했습니다. 실제로 개들은 놀 때면 넋이 나간 것처럼 보입니다.

놀이는 개나 사람 모두에게 중요합니다. 특히 어린 개체일수록 더 그렇습니다. 개가 다른 개 또는 사람과 사회적 관계를 형성하는 생후 3주에서 12주 사이의 놀이가 특히 중요합니다. 어릴 때 놀면서 근력을 키우고 인지능력을 키우고 사회적 관계를 형성하죠.

그러나 반려견들은 좋은 생활환경에도 불구하고 늘 노는 시간이 부족합니다. 우리는 함께 사는 개에게 최고의 삶을 주려고 노력합니다. 그렇다면 개의 입장에서 생각해봐야 합니다. 우리는 그들 삶의 전부이지만 그들은 우리 삶의 일부에 지나지 않는 경우가 많거든요.

단 4종의 돼지

돼지는 사람과 아주 친숙한 동물입니다. 무려 9천 년 전에 사람에게 왔지요. 늑대가 사람을 선택해서 개가 된 것과는 달리 돼지는 사람이 멧돼지를 잡아다가 집돼지로 만든 겁니다. 돼지는 쓸모가 많았습니다. 두꺼운 가죽으로 방패를 만들고, 뼈로 도구와 무기를 만들었습니다. 거칠고 뻣뻣한 털은 솔을 만들기 좋았지요. 뭐니 뭐니 해도 고기를 얻는 데 돼지만 한 게 없었습니다. 돼지는 육체파거든요.

갓 태어난 돼지는 약 1킬로그램밖에 안 됩니다. 사람의 아기가 3~4킬로그램 정도인 것을 생각하면 아주 작지요. 돼지는 115킬로그램일 때 잡습니다. 이때 잡으면 고기가 180근쯤 나옵니다. 돼지고기 180근을 얻는 데 필요한 시간은 180일에 불과합니다. 하루에 한 근씩 자라는 셈이니 정착해서 농사를 짓는 신석기인들에게는 그야말로 고기 공장인 셈이었죠.

물론 돼지가 115킬로그램까지만 자라는 것은 아닙니다. 자연 상태에서는 10~15년 정도 살면서 품종에 따라서 250~350킬로그램까지 자라지요. 그런데 왜 6개월 만에 잡는 걸까요? 이때 잡아야 가장 경제적이기 때문입니다. 돼지는 하루에 3킬로그램의 사료를 먹습니다. 약 1,500원어치입니다. 115킬로그램이 넘으면 먹는 사료 양에 비해서 살이 찌는 속도가 줄어듭니다. 그래서 이때 잡는 것이지요.

우리나라 사람은 삼겹살을 아주 좋아하지요. 그런데 115킬로그램짜리 돼지 한 마리에서 나오는 삼겹살은 12킬로그램뿐입니다. 그래서 벨기에 같은 나라에서 삼겹살만 수입해오지요.

저는 자라면서 "아! 이 돼지 같은 놈아!"라는 소리를 자주 들었습니다. 처음에는 제가 하도 많이 먹어서 그런 줄 알았어요. 그런데 알고 보니 감각이 떨어진다는 의미로 하는 말이더군요. 저를 홍보는 것은 좋습니다. 하지만 좀 과학적으로 하셔야지요. 돼지가 가죽이 두껍다고 감각마저 떨어지는 건 아니거든요.

보통 사람의 감각 능력이 다른 동물보다 못하다고 생각하는데 그렇지 않습니다. 감각이 별로인데 어떻게 만물의 영장으로 버티고 있겠어요? 시력만 해도 그래요. 사람보다 시력이 좋은 동물은 하늘을 높이 날면서 먹잇감을 찾는 맹금류뿐입니다.

냄새를 맡는 후각 능력을 살펴볼까요? 동물들의 후각 유전자 가운데 상당수는 작동하지 않지요. 사람에게는 작동하는 후각 유전자가 199개 있습니다. 하지만 후각 수용체가 조합을 이뤄서 작동하기 때문에 1만 가지 냄새를 구분할 수 있지요. 그런데 돼지에게는 작동하는 후각 유전자가 무려 1,113개나 있어요. 당연히 돼지가 개보다 냄새를 더 잘 맡죠.

야생에서 생활하는 돼지는 이렇게 많은 후각 유전자를 가지고 무엇을 했을까요? 우선 먹이를 찾는 데 썼겠죠. 이 능력을 파악한 사람들은 송로버섯을 찾을 때 돼지를 앞세우죠. 그런데 단지 먹이를 찾는 데 쓰기에는 너무 과합니다. 과학자들은 돼지가 예민한 후각으로 다른 돼지와 교류할 거라고 생각합니다. 냄새로 동료와 대화하고 냄새로 서로 위협하면서 위계질서를 세우고 또 냄새로 암컷과 수컷이 서로 유혹하는 거죠. 돼지가 서로 킁킁대는 건 서로 이야기를 하는 겁니다.

“돼지 같은 놈”이란 욕에는 멍청하다는 뜻도 있지요. 물론 사람보다는 멍청합니다. 뭐 돼지만 그런 것은 아니잖아요. 하지만 특별히 흉을 볼 정도로 멍청한 동물은 아닙니다. 물건을 가져오라는 사람의 말과 몸짓을 알아듣는 능력이 돌고래나 침팬지보다 떨어지지 않습니다. 게다가 사람도 잘 구분해요. 더 놀라운 사실이 있습니다. 사람이 손가락으로 어떤 사물을 가리키면 침팬지는 사물 대신 손가락을 봅니다. 사람의 의도를 알아채지 못하는 것이지요. 개는 손가락으로 가리킨 사물을 봅니다. 그래서 우리가 개를 똑똑하다고 하는 거예요. 그런데 돼지도 손가락이 아니라 사물을 봅니다. 앞으로 “돼지 같은 놈”이라고 말하고 싶다면 “이 침팬지 같은 놈”이라고 하세요. 좀 이상하죠? 그러니 괜히 동물에 빗대서 말하지 맙시다.

돼지는 외롭지 않습니다. 지구에 무려 8억 4천만 마리가 살고 있거든요. 그런데 전 세계에서 베이컨이 되는 돼지는 단 네 종류밖에 안 됩니다. 역시 이유는 간단하죠. 바로 경제성 때문입니다. 우리는 무조건 빨리 무럭무럭 자라는 돼지만 좋아하니까요. 왠지 양심에 찔리네요.

권혁웅 시인은 돼지의 매력적인 선에 애착이 많습니다. 그 선의 완성은 꼬리에 있죠. 그는 『꼬리 치는 당신』에서 이렇게 노래했습니다.

"돼지는 새끼일 때 꼬리가 잘린다. 좁은 우리에서 스트레스를 받으면 서로 꼬리를 물어뜯기 때문에 미리 자르는 거라고. 돼지에겐 꼬리가 없고 우리에겐 양심이 없네. 마음 어디 갔니? 응, 돼지 꼬리 붙였더니 어디론가 날아갔어."

행동

인류는 늘 한계를 극복하고 답을 찾아왔다

"세계 시민이라면 할 수 있습니다.
언젠가는 지구 온난화나 지구 가열이라는 단어도
언론에서 슬그머니 사라지게 만들 수 있습니다."

우리 손으로 해결할 수 있다

스티븐 호킹 박사는 불편한 몸으로 뛰어난 과학적 업적을 남긴 위대한 과학자이자 인류에 대한 애정이 넘치는 분이었습니다. 그는 자신의 목숨보다 지구에 남겨진 우리 인류의 운명을 더 걱정했습니다. 죽기 직전까지도 우리에게 어서 지구를 떠나라고 재촉했을 정도지요. 소행성 충돌과 인구증가, 기후변화로 지구가 사람이 살기 어려울 정도로 파괴되는 것은 시간문제이니 빨리 지구를 떠날 준비를 해야 한다는 것이죠. 그런데 정말 그럴까요? 지구를 떠날 땐 떠나더라도 따져보기는 해야 할 것 같습니다.

지구는 대략 7천만 년마다 거대한 소행성과 충돌하곤 했습니다. 가장 최근에는 6천6백만 년 전에 지름 10킬로미터짜리 거대한 소행성이 지구와 충돌했죠. 그때 공룡이 멸종했습니다. 육상에서 고양이보다 커다란 동물들은 죄다 사라졌죠. 공룡에게는 안된 일이지만 덕분에 포유류의 시대가 열리고 마침내 우리 인류도 등장하게 되었습니다. 그러고 보니 이제 소행성이 지구와 충돌할 때가 되기는 했네요.

하지만 그렇다고 우리가 두려움에 떨 필요는 없습니다. 알면 무섭지 않죠. 지구의 종말을 가져올 수 있는 소행성 충돌을 막기 위한 인류의 노력이 계속되고 있습니다. 이미 지구 주변을 통과할 가능성이 있는 소행성을 추적하고 있고요. 각 소행성이 지구를 지나는 사건을 100번이나 미리 시뮬레이션해서 충돌 확률을 계산하고 있습니다. 만약 소행성이 지구와 충돌한다면 우리는 수십 년 전에 미리 그 사실을 예측할 수 있습니다. 물론 충돌 직전에야 발견하는 작은 소행성도 있을 겁니다. 하지만 이때도 사건 발생 몇 주 전에는 경보를 발령할 수 있습니다.

단순히 소행성 충돌을 예보만 한다면 우리는 불행합니다. 차라리 모르느니만 못 하겠지요. 두려움과 절망 그리고 공포 속에서 살아야 하니까요. 당연히 소행성 충돌을 사전에 막아야 합니다. 그렇다면 소행성을 기다리는 게 아니라 우리가 소행성으로 가야겠지요. 작은 소행성을 우주선이 정확히 찾아갈 수 있을지 걱정할 필요는 없습니다. 이미 일본의 소행성 탐사선 하야부사는 태양보다 두 배나 멀리 있고 지름은 500미터에 불과한 작은 소행성에 정확히 갔다가 돌아오기까지 했으니까요.

소행성에 가서 뭘 해야 할까요? 가장 쉽게 떠오르는 방법은 영화 〈아마겟돈〉과 〈딥임팩트〉처럼 소행성을 핵폭탄으로 부숴 버리는 것입니다. 하지만 우주왕복선에 무거운 굴착기와 핵폭탄을 싣고 소행성까지 가는 일은 쉬운 일이 아닙니다. 설사 소행성에 우주선이 착륙한다고 하더라도 땅을 파고 핵폭탄을 심는 것도 어려운 일이고요.

영화처럼 핵폭탄으로 소행성을 폭파시켜도 문제가 있습니다. 핵폭탄을 잘못 터트리면 소행성이 산산조각 나게 됩니다. 갑자기 하나의 소행성이 수십 수백 개의 소행성으로 늘어나는 것이지요. 그 가운데는 지구로 떨어지는 것들도 생길 것입니다. 핵폭탄으로 소행성을 폭파시키는 방법은 가장 간단해 보이지만 2차 피해를 일으키기 십상입니다.

그래서 과학자들은 쉽고 안전한 방법을 고안했습니다. 부수는 게 아니라 밀치는 겁니다. NASA의 과학자들은 지난 2003년 소행성에 우주선을 착륙시킨 후 우주선의 추진력으로 소행성의 궤도를 바꾸자는 아이디어를 제시했습니다. 로켓에 원자력 엔진이나 플라스마 엔진을 장착한 대형 우주선을 소행성으로 보냅니다. 이 엔진을 작동시켜서 소행성의 진행 방향을 틀자는 것입니다. 핵폭탄으로 소행성을 폭파하는 것보다는 훨씬 안전한 방법입니다. 하지만 소행성은 회전이 심해서 우주선을 착륙시키기가 쉽지 않다는 문제는 그대로 남습니다. 기껏 접근해서 보니 도저히 우주선이 착륙할 수 없는 상태라는 것이 확인되면 그야말로 난감한 일이지요.

아하! 직접 접촉하지 않고 궤도를 바꾸는 방법이 필요하겠네요. 과학자들은 고출력 레이저를 쏴서 소행성을 태우는 방안을 제안했습니다. 우주선에서 고출력 레이저를 소행성의 한쪽

면에만 쏘는 겁니다. 그러면 소행성의 무게 평형이 바뀌면서 궤도가 틀어져 지구를 피해가게 되지요. 그런데 소행성의 궤도를 틀 만큼 강력한 레이저를 발생시키는 게 쉽지 않겠네요.

그렇다면 레이저 대신 태양을 사용하면 됩니다. 소행성은 대기가 없기 때문에 태양빛을 받으면 온도 변화가 급격하게 일어납니다. 우주공간에 거대한 거울을 만들어서 태양빛을 소행성에 비추면 어떻게 될까요? 태양빛의 압력 때문에 소행성의 궤도가 뒤로 밀릴 수 있습니다. 여기에도 문제는 있습니다. 소행성 궤도에 영향을 줄 만큼 거대한 거울을 만들고 정확히 소행성을 비출 수 있는 위치를 유지하려면 막대한 연료가 필요하니까요.

소행성이 작다면 반대로 끌어당기는 기술을 사용할 수도 있습니다. 가능하면 크고 무거운 우주선을 소행성 근처로 가져갑니다. 그러면 우주선과 소행성 사이에 잡아당기는 중력이 발생하죠. 이 중력이 소행성을 끌어당겨서 궤도를 바꾸는 것입니다.

소행성의 충돌을 막는 게 쉽지는 않지만 결코 불가능한 일은 아닐 것 같습니다. 호킹 선생님이 경고한 것처럼 소행성 충돌이 두려워서 지구를 떠날 이유는 없다는 것이죠. 그렇다면 지구 온난화는 어떨까요?

1880년 전 지구적인 기후 측정을 시작한 뒤로 평균 기온이

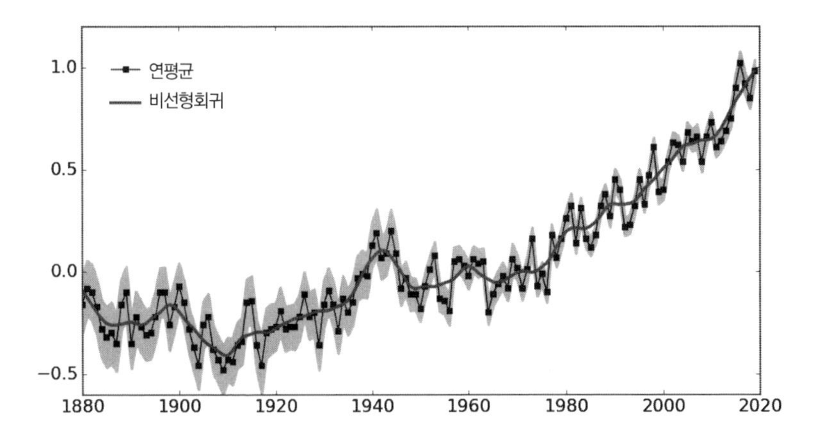

지구 연평균 지표 기온 변화

가장 높았던 해는 2000~2019년입니다. 그러니까 최근 20년이 기후 측정 후 지구에서 가장 더운 해라는 말입니다. 소행성은 쫓아가서 부수든 밀치든 어떻게 할 방법이 있는데 뜨거워진 대기는 어찌 할 도리가 없는 것처럼 보입니다.

그런데 잘 생각해보면 기후 문제야말로 해결이 쉬운 일입니다. 날아오는 소행성과 달리 기후 변화는 우리 인류가 만든 문제니까요. 산업혁명 이후에 인간이 쏟아낸 이산화탄소로 지구가 뜨거워지고 있는 겁니다. 그러니까 우리만 변하면 되는 문제라는 것이지요.

추억의 단어, 프레온 가스

슬그머니 사라진 단어들이 있습니다. 택시 합승, 무연 휘발유, 지랄탄 같은 것들입니다. 택시 합승으로 인한 요금 시비는 영원할 줄 알았습니다. 이젠 굳이 무연 휘발유와 유연 휘발유로 나눠서 생각할 필요가 없어졌습니다. 정말로 지랄 같던 지랄탄의 정식 명칭이 무엇이었는지 기억도 나지 않습니다. 오존 구멍과 프레온 가스도 마찬가지입니다. 어느덧 잊힌 단어입니다.

1985년 영국의 남극 탐사대가 남극 대기권의 오존층이 파괴되고 있다는 사실을 발견했습니다. 독일 과학자들은 인공위성 관측을 통해 오존층 파괴가 점차 심각해지고 있다는 사실을 확인했습니다. 세상이 발칵 뒤집혔습니다. (지상 10킬로미터 이상의 성층권에 있는) 오존층은 자외선의 투과를 줄여주는 역할을 하기 때문입니다. 자외선 투과율이 높아지면 동물 세포에 좋을 리가 없습니다. 우리가 여름에 선크림을 왜 바르겠습니까. 피부와 눈에 해롭고 피부 종양의 원인이 되기도 합니다. 동물 세포에 심각한 영향을 줄 정도면 식물 세포에는 말할 것도 없습니다. 엽록소가 파괴됩니다. 광합성이 줄어들고 그 결과 지구 생태계의 먹이사슬이 깨집니다.

왜 갑자기 오존층이 파괴되는지 궁금했습니다. 하지만 인류는 그 이유를 이미 알고 있었습니다. 1974년 미국의 화학자 프랭크 셔우드 롤런드는 프레온 가스가 오존층을 파괴할 것이라는 가설을 제기했습니다. 멕시코 출신의 화학자 마리오 호세 몰리나와 나중에 '인류세'라는 말을 만들어낸 것으로 더 유명한 네덜란드 대기화학자 파울 크뤼천은 프레온 가스의 오존층 파괴 메커니즘을 발견했습니다. 세 사람은 이 공로를 인정받아 1995년 노벨 화학상을 수상했습니다.

프레온은 나일론이나 포스트잇처럼 듀폰 사의 상품명입니다. 불도저나 크레인처럼 상품명이 워낙 유명하다보니 그냥 일반명사처럼 쓰이는 것입니다. 프레온은 메탄(CH_4) 분자의 수소

(H)가 염소(Cl)와 (예전에 불소라고 하던) 플루오르(F) 원자로 대체된 형태입니다. 듀폰 사의 상품명을 쓰기를 꺼려하는 외국 언론사들은 염화플루오르화탄소라고 하고 간단히 CFCs라고 표기합니다. 염소-불소-탄소에 복수형 어미 s가 붙은 것입니다. 한 종류가 아니라는 뜻입니다.

프레온 가스에 대한 경고가 이미 1974년에 나왔고 1985년에는 실제로 남극에서 심각한 오존층 파괴가 관찰되었어도 당시 사람들은 냉담했습니다. 20세기 초중반만 해도 병원의 냉동실 냉매가 방출되어 100여 명이 사망하는 사고가 흔했지만, 프레온 가스는 이전의 냉매와는 달리 사람에게 해가 없는 기적의 기체였기 때문입니다. 프레온을 개발한 토머스 미즐리는 무해성을 보여주기 위해 기자들 앞에서 프레온 가스를 직접 흡입해 보이기도 했습니다. 게다가 냉장고와 에어컨의 냉매로 탁월한 성능을 발휘했습니다. 프레온 덕분에 자동차와 가정에 에어컨이 보급될 수 있었습니다. 당장 생활이 편리해진 사람들이 남극 하늘의 오존층 파괴에 관심이 있을 리 만무했습니다.

역시 네이밍은 중요합니다. 1987년 '오존 구멍'이라는 말이 생겼습니다. 일반 시민들조차 CFCs에 대한 규제가 필요하다는 데 공감했습니다. 그 결과 오존층 파괴 물질인 CFCs의 생산과 사용을 규제하자는 몬트리올 의정서가 1987년 제정되고 1989

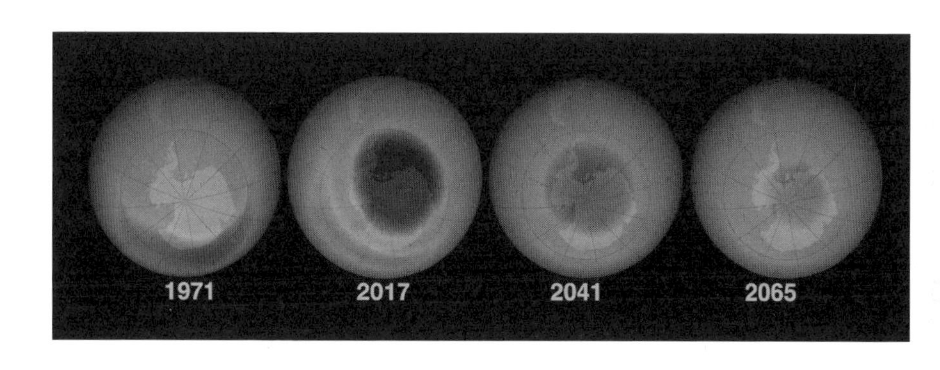

오존층의 회복.
몬트리올 의정서 체결 이후 오존층을 보호하기 위한 국제적 노력이 계속되었습니다.
냉장고, 에어컨 등에 쓰이던 프레온 가스가 퇴출되었고
매년 조금씩 오존층이 회복되기 시작했습니다.

년부터 발효되었습니다.

30여 년 동안 인류가 저지른 지구 환경 파괴의 상징이었던 오존 구멍이 줄어들고 있습니다. 북반구와 중위대의 오존 구멍은 2030년이면 완전히 복원될 것입니다. 남반구의 오존 구멍은 2050년대, 극지방 오존 구멍도 2060년대면 완전히 복원될 것으로 예상하고 있습니다. 사람만 달라지면 지구 환경은 회복됩니다.

프레온 가스가 없어도 우리는 여전히 냉장고와 에어컨을 사용하고 있습니다. 대체 물질을 찾았기 때문입니다. 요즘은 주로 수소화플루오르화탄소(HFCs)를 사용합니다. CFCs의 염소(Cl) 자리에 수소(H)가 있는 분자들입니다. HFCs는 새로운 기적의 냉매입니다. 인체에 해가 없고 냉매 효과도 뛰어납니다.

그런데 새로운 문제가 생겼습니다. (지구 온난화라는 따뜻한 표현 대신 요즘 과학자들이 사용하는) 지구 가열(Global Heating) 효과가 화학 성분비에 따라서 이산화탄소보다 1,000~9,000배나 더 크다는 사실이 밝혀진 것입니다. 2016년 10월, 170여 나라 관계자들이 HFCs 문제를 해결하기 위해 르완다의 키갈리에 모였습니다. 이들은 주목할 만한 합의에 도달했습니다. 몬트리올 의정서를 개정해서 2019년부터는 고소득 국가들에서, 2024~2028년에는 저소득 국가들에서 HFCs 사용을 금지하기로 한 것입니다.

인류는 마음먹으면 합니다. '드로다운(drawdown)'이라는 용어가 회자되기 시작했습니다. 드로다운은 온실가스가 최고조에 달한 뒤 감소되기 시작하는 시점을 말합니다. 환경운동가 폴 호컨은 기후 변화를 되돌릴 가장 강력하고 포괄적인 계획 '드로다운'을 제기하면서 최우선순위 정책으로 '냉매 관리'를 제시했습니다. 지구 가열 문제를 해결하기 위해서는 에너지, 식량, 수송 문제뿐만 아니라 냉장고와 에어컨의 냉매를 잘 관리해야 한다는 것입니다.

세계 시민이라면 할 수 있습니다. 언젠가는 지구 온난화나 지구 가열이라는 단어도 언론에서 슬그머니 사라지게 만들 수 있습니다.

버리기도 힘들다

가난해도 너무 가난한 딜링햄 부부에게는 큰 자랑거리가 두 가지 있었습니다. 하나는 남편이 할아버지와 아버지에게서 물려받은 금시계이고, 또 하나는 아내의 기다란 금빛 머리칼이죠. 가난한 부부는 서로를 위해 크리스마스 선물을 마련했습니다. 아내는 남편의 금시계에 어울리는 은빛 시곗줄을 선물했고, 남편은 아내에게 빗을 선물했습니다. 하지만 선물은 소용이 없게 되었습니다. 남편은 빗을 사기 위해 금시계를 팔았고, 아내는 백금 시곗줄을 사기 위해 아름다운 머리칼을 잘라 팔았기 때문입니다.

오 헨리의 단편소설 「크리스마스 선물」의 줄거리입니다. 중학생 시절, 배우 고(故) 김자옥 씨가 MBC 라디오 극상에서 들려준 이 이야기를 듣고 이불 속에서 한참 울었습니다. 슬픔은 이내 분노로 바뀌었습니다. 남편의 처사에 화가 났거든요. '그깟 빗을 하나 사려고 할아버지와 아버지께서 물려주신 금시계를 팔다니.' 철딱서니 없는 남편에 대한 분노가 풀리는 데는 수십 년이 걸렸습니다. 「크리스마스 선물」을 찾아 읽어보니, 빗이 보통 빗이 아니었던 겁니다. 진짜 거북껍질로 만들고 가장자리에 보석이 박힌 진귀한 빗이었죠. 그때는 빗이 정말 비싼 물건이었습니다.

1860년대까지 당구공과 빗, 피아노 건반은 부자들의 전유물이었습니다. 상아로 만들었으니까요. 귀한 상아로 만들었으니 당연히 비쌌고 코끼리는 멸종위기에 처했습니다. 무분별한 코끼리 사냥에 대한 문제가 제기되자 상아의 공급도 어려워졌습니다. 이때 뉴욕의 당구공 제조업체가 누구든 상아를 대체하기에 적절한 물질을 가져오면 1만 달러를 주겠다는 신문 광고

상아로 만든 체스 말(위), 당구공을 만들기 위해 상아를 자르는 모습(아래)

를 냈고, 그것을 본 존 웨슬리 하이엇은 1869년 '셀룰로이드'를 발명합니다.

셀룰로이드로는 최고급 상아로 만든 물건처럼 보이는 모조품을 쉽게 만들 수 있었습니다. 부자들의 오락이었던 당구가 서민의 오락으로 폭이 넓어졌고, 당시 부잣집 처자들만 꽂았던 장식용 머리빗도 저렴하게 만들어낼 수 있게 되었습니다. 이젠 머리빗을 사기 위해 금시계를 팔 이유가 없어진 것입니다.

사람들은 보통 '화학'이라는 단어를 혐오합니다. 그런데 아이러니하게도 천연자원을 공급하는 동식물의 고갈을 막아준 것이 바로 화학이었습니다. 그중에서도 플라스틱이 가장 큰 역할을 했죠. 플라스틱은 자연의 파괴자가 아니라 자연의 수호자입니다. 그리고 코끼리도 살아남았습니다.

지금 제 책상 위에 있는 물건 가운데 플라스틱인 것은 스마트폰, 스탠드 램프, 명함 갑, 날클립 케이스, 필통, 볼펜, 에딩펜, 클립 디스펜서, 약통, 핸드크림 튜브, 스피커, 크리스마스실 포장지, 마우스, 칼, 도장, 저금통, 인주 케이스, 물병, 가위, 안경, 안경 갑, 결재서류첩, 탁상달력, 선풍기 리모컨, 키보드, 북마크…. 음, 플라스틱이 아닌 것을 세는 게 더 빠를 것 같네요. 우리는 플라스틱으로 일하고, 플라스틱으로 만든 옷을 입고, 플라스틱 병에 담긴 음료를 마시며, 플라스틱 차를 타고 움직이고, 플라스틱 가구 속에서 삽니다.

플라스틱은 디자이너들에게 아주 매력적인 소재입니다. 천연 소재로는 도전할 수 없었던 디자인을 현실화시킬 수 있는 꿈의 물질이기 때문이죠. 덕분에 우리는 나무나 가죽으로는 상상하지 못했던 모양의 의자에 앉습니다. 플라스틱 의자가 없다면 국회의사당 앞에서 열리는 대통령 취임식은 불가능할 것입니다. 플라스틱 덕분에 가볍고 튼튼한 의자를 쉽게 만들죠.

사람들은 플라스틱은 무조건 싸야 한다고 생각합니다. 하지만 싸게 만드는 데는 한계가 있습니다. 하여 플라스틱 생산에도 '세계화'가 도입되었고, 평생 해변에서 원반던지기 따위는 해본 적이 없는 노동자들이 프리스비 원반을 생산합니다. 플라스틱 하면 '내분비교란물질' 또는 '환경호르몬'이라는 단어가 떠오르지만 병원 역시 플라스틱 왕국입니다. 주사기와 수액 용기, 각종 튜브를 포함해서 병원에서 사용하는 도구도 대개 플라스틱으로 되어 있습니다.

플라스틱이 없는 세상은 상상할 수 없습니다. 하지만 불과 얼마 전이 바로 그런 세상이었죠. 낡은 옷은 수선하고, 더 낡으면 해체해서 다른 옷을 만들고, 그래도 더 낡으면 걸레로 썼습니다. 부서진 물건은 수리하고, 부품을 떼어서 보관하고, 고물로 팔았습니다.

그런데 플라스틱이 '버리는 문화'를 만들었습니다. 플라스틱은 괜히 쓸데없는 포장재가 되기도 하고 한번 쓰고 버리는 라이터가 되기도 합니다. 재활용도 쉽지 않습니다. 플라스틱은 저마다 성질이 다른데 그 많은 종류대로 분리해서 수거할 수 없기 때문이죠. 그래서 미국과 한국의 플라스틱 쓰레기가 배를 타고 중국에 가서 분리된 후 재활용할 수 있는 알갱이로 변하여 다시 미국과 한국으로 돌아오는 에너지 고소비 순환계가 만들어졌습니다. 하지만 이젠 그것도 끝났습니다. 중국은 더 이상 플라스틱 쓰레기를 수입할 생각이 없거든요. 플라스틱은 어느덧 버리기도 힘든 물질이 되고 말았습니다.

얼마 전 사막에 홍수가 난 장면을 보았습니다. 맨 모래땅에 거대한 물줄기가 흘러갑니다. 그런데 사막의 거친 강물을 가득 채운 게 있었습니다. 페트병이었습니다. 사막에도 사람의 발길이 닿으니 페트병 천지인 것입니다.

플라스틱은 낭비하기에는 너무 가치 있는 물질입니다.

메탄의 정체

진동수 단위 헤르츠(Hz), 힘의 단위 뉴턴(N), 압력의 단위 파스칼(Pa), 에너지의 단위 줄(J), 일률의 단위 와트(W)의 공통점은 무엇일까요? 관련 분야에서 결정적인 공을 세운 과학자의 이름에서 따왔다는 점입니다. 전압의 단위 볼트(V)도 마찬가지입니다. 이탈리아 물리학자 알레산드로 볼타의 이름에서 따왔죠. 볼타는 최초로 전지(배터리)를 발명한 사람입니다.

볼타처럼 훌륭한 과학자는 대개 뛰어난 공적이 한두 가지가 아닙니다. 1776년의 일입니다. 그러니까 이산이 조선 22대 왕위에 올라 정조가 되고 토머스 제퍼슨이 미국 독립선언문을 작성하던 해죠. 알레산드로 볼타는 이탈리아와 스위스를 가로지르는 마조레 호수를 여행하고 있었습니다. 호수 부근의 늪지에서 기체가 보글보글 올라오는 것을 봤죠. 수많은 사람들이 그 모습을 이전부터 봐왔지만 그냥 지나쳤습니다. 하지만 물리학자인 볼타는 그냥 지나칠 수 없었습니다. 이게 과학자의 기본자세죠. 기체를 조금 채집해 몇 가지 실험을 했습니다. 또 과학자들은 실험에서 얻은 결과를 꼭 다른 사람에게 자랑하고 싶어 합니다. 11월 21일, 그는 친구에게 편지를 씁니다. "습지에서 올라오는 기체보다 불에 잘 타는 기체는 없는 것 같네."

볼타가 발견한 기체는 메탄입니다. 메탄의 분자식은 CH_4입니다. 우주에 존재하는 가장 간단한 탄소화합물이죠. 아니, 잠깐만요. 탄소화합물, 탄수화물, 탄수화합물, 탄화수소. 모두 그게 그것 같아서 헷갈리시죠? 먼저 이것들의 차이를 짚고 넘어가죠.

여기서 가장 큰 개념은 탄소화합물입니다. 탄소화합물은 '탄소가 들어 있는 화합물'이라는 뜻입니다. 그러니까 탄소(C)가 들어 있으면 모두 탄소화합물인 거예요.

탄소화합물의 탄소는 모두 공기에서 왔습니다. 바로 광합성 과정에서 일어나는 일이죠. 광합성은 빛 에너지를 이용해서 이산화탄소(CO_2)와 물(H_2O)로 포도당을 만드는 과정입니다. 이 포도당이 길게 연결되어 녹말이 되죠. 포도당과 녹말은 '탄소와 물이 합쳐진 물질'이라고 해서 탄수화물이라고 부릅니다.

세포는 포도당을 이용해서 단백질과 지방을 만듭니다. 그러니까 탄수화물, 단백질, 지방은 모두 이산화탄소와 물이 합쳐진 거예요. 그래서 탄수화합물이라고 합니다.

그리고 탄수화합물에서 산소 성분이 빠진 물질을 탄화수소라고 합니다. 탄소(C)와 수소(H)만 합해졌다는 뜻이죠.

그러니까 탄소화합물은 크게 산소가 있는 탄수화합물과 산소가 없는 탄화수소로 나눌 수 있죠.

탄화수소는 들어 있는 탄소의 숫자에 따라 이름이 다릅니다. 메탄(CH_4)은 탄소가 하나이고, 에탄(C_2H_6)은 탄소가 두 개입니다. 술에 들어 있는 에탄올(C_2H_5OH)은 탄소가 두 개인 탄화수소에서 수소 하나 대신 알코올기인 $-OH$가 붙은 것입니다. 삼겹살 구울 때 사용하는 부탄가스는 탄소가 세 개인 프로판(C_3H_8)과 탄소가 네 개인 부탄(C_4H_{10})이 섞여 있지요. 탄소의 길이가 길어지면 석탄과 석유의 성분이 됩니다. 석유를 이용해서 온갖 종류의 플라스틱을 만들기도 하지요. 석탄과 석유는 모두 생명체가 변해서 된 것입니다. 그러니까 우리가 사용하는 부탄가스와 플라스틱은 모두 생명의 잔해인 셈이지요.

다시 메탄으로 돌아가지요. 메탄은 탄화수소입니다. 탄화수소는 탄수화합물에서 왔고, 탄수화합물은 이산화탄소와 물에서 왔지요. 그렇다면 메탄을 태우면 어떻게 될까요? 흙에서 나온 것은 결국 흙으로 돌아가는 이치처럼 메탄도 결국 이산화탄소와 물로 돌아갑니다. 이때 에너지가 발생합니다.

메탄이 탈 때 에너지가 발생한다는 말은 메탄을 만들 때 에너지가 필요하다는 뜻입니다. 메탄은 일산화탄소와 수소로 만들 수 있습니다. 쉽게 일어날 수 없는 반응입니다. 엄청난 압력과 열이 필요하거든요. 바로 여기에 생명의 위대함이 있습니다. 생명체는 상온에서 이산화탄소와 물을 합쳐서 포도당을 만드는 것처럼 메탄도 쉽게 만들 수 있거든요.

볼타가 메탄을 발견한 지 100년이 지난 다음에야 과학자들은 메탄 기체가 미생물 때문에 생긴다는 사실을 알게 되었습니다. 식물이나 동물이 공기가 없는 곳에서 썩을 때 미생물들이

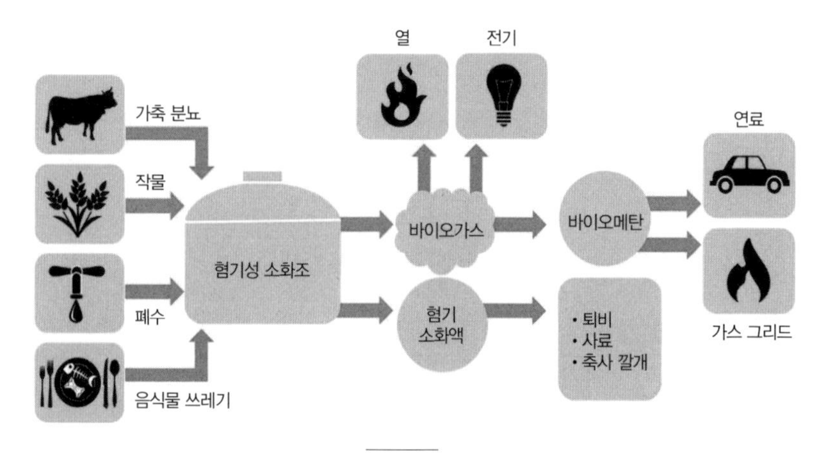
열
전기
가축 분뇨
작물
폐수
음식물 쓰레기
혐기성 소화조
바이오가스
혐기
소화액
바이오메탄
연료
가스 그리드
• 퇴비
• 사료
• 축사 깔개

혐기성 소화

동식물의 몸에서 메탄을 만들어냅니다. 생명에서 발생한 가스라고 해서 바이오가스라고 합니다. 메탄은 천연가스의 주성분이고 우리가 사용하는 도시가스에도 88퍼센트나 들어 있지요. 연소되면 깨끗하게 이산화탄소와 물만 남습니다. 청정 에너지원이죠.

그런데 문제가 있습니다. 대기 중에 섞인 메탄 분자는 100년이라는 시간 동안 이산화탄소보다 34배나 강력한 온난화 작용을 일으킵니다. 바다에서 죽은 생물이 부패해서 메탄이 생긴다든지, 메탄하이드레이트 형태로 바닷속에 갇혀 있던 메탄 그리고 시베리아와 알래스카 툰드라 토양에 갇혀 있던 메탄이 대기 중으로 방출되는 것은 지구 온난화가 계속되는 한 마땅한 해결책이 없습니다. 하지만 우리의 일상생활과 농축산 과정에서 생긴 유기성 폐기물에서 방출되는 메탄은 막아야 합니다.

과학자들은 '혐기성 소화조'라고 하는 밀봉된 탱크로 부패를 조절하는 방법을 제시했습니다. 혐기성(嫌氣性)이라는 말은 글자 그대로 옮기면 '공기를 싫어한다'는 뜻인데 실제로는 '산소가 없다'는 말입니다. 반대로 '산소가 있는' 상태라면 '공기를 좋아하는'이라는 뜻으로 '호기성(好氣性)'이라고 표현합니다. 또 소화조는 '소화를 시키는 통'이라는 뜻인데, 여기서 소화는 불을 끄는 소화(消火)가 아니라 영양분을 분해하는 소화

(消化)입니다. 그러니까 혐기성 소화조는 산소가 없는 상태에서 생물을 분해하는 통이라는 뜻이죠.

뜻은 알겠지만 그래도 입에 잘 달라붙지 않습니다. 그래서 혐기성 소화조라는 말 대신 쉽게 '메탄 소화조'라고도 합니다. 메탄 소화조는 볼타가 메탄을 발견한 마조레 호숫가의 자연적 환경을 활용한 것입니다. 구조는 간단합니다. 공기가 공급되지 않는 통에 유기물(동물과 식물) 쓰레기를 넣습니다. 유기물 쓰레기는 메탄 소화조에서 미생물의 작용으로 분해되어 메탄과 소화 슬러지로 분리되는데, 메탄은 에너지원으로 쓰이고 슬러지는 영양분이 풍부한 비료가 됩니다. 유기물 쓰레기가 끊임없이 공급되고 미생물 상태가 잘 유지되면 메탄 소화 과정은 계속 진행됩니다.

사람들의 지혜는 참으로 역사가 깊습니다. 1,000년 전 아시리아에서는 바이오가스로 목욕물을 데웠습니다. 이탈리아 탐험가 마르코 폴로는 중국에 머물 때 뚜껑 덮은 하수 탱크에서 나오는 기체로 조리하는 모습을 목격했죠. 19세기 말 영국에서는 하수 가스로 램프를 밝혔습니다. 결국 메탄 소화조였던 셈입니다. 그런데 인류는 이 지혜를 오랫동안 잊고 지냈습니다. 화석연료가 너무나 풍부했기 때문이죠. 귀찮게 바이오가스를 쓰느니 그냥 화석연료를 구입해 사용하는 게 편했습니다. 그것은 지금도 마찬가지입니다.

우리가 21세기에 다시 '메탄 소화조'를 만드는 이유는 메탄을 공기 중으로 보내서 지구 온난화를 가속화하지 않으려는 겁니다. 메탄가스를 내보내지 않으려니 자연히 태워야 하고 태우다보면 에너지원으로 작용하는 것이지요. 또 쓰레기 매립지를 절약하고 쓰레기 유출물로 인한 물의 오염도 줄어들죠. 냄새와 병원균을 없애는 데도 큰 도움이 됩니다.

과학자들은 2050년까지 저소득 국가에 5,750만 개의 소형 메탄 소화조를 설치하여 조리용 난로를 대체하자고 합니다. 또 대형 메탄 소화조로 70기가와트의 발전을 할 수 있을 것이라고 추정합니다. 여기에는 2,170억 달러(약 250조 원)가 들어갈 겁니다. 하지만 화석연료 발전을 대체하여 10.3기가톤의 이산화탄소 배출을 피할 수 있죠.

10.3기가톤이면 어느 정도일까요? 올림픽 규격 수영장 40만 개를 물로 가득 채우면 1기가톤입니다. 10.3기가톤이면 물로 수영장 400만 개를 채우고도 남을 무게죠. 2018년 전 세계가 배출한 이산화탄소 양이 33기가톤이었습니다. 음식물 등 유기물 쓰레기만 잘 처리해도 이산화탄소 배출을 엄청나게 줄일 수 있는 셈이죠.

협력

협력할수록 확장된다

"현미경이나 망원경으로도 볼 수 없는 암흑의 세계로까지
우리의 세계가 확장된 것입니다."

사건의 지평선

수평선을 처음 봤을 때 궁금했습니다. 저 너머에는 무엇이 있을까? 아주 멀리 가면 일본이 있겠지만 그것 말고 수평선 바로 너머에는 뭐가 있는지 말입니다. 그걸 알 수 있는 방법은 없었습니다.

저는 우리나라에서 지평선을 본 적이 없습니다. 지평선을 처음 본 곳은 서호주 사막이었습니다. 사방을 둘러봐도 붉은 흙뿐이었습니다. 화성에 도착한 우주선에서 내린 우주인이 된 것 같았습니다. '아, 지구는 둥글구나!' 첫 느낌이었습니다. 지도가 없다면 지평선 너머에 무엇이 있는지 어떤 사건이 일어나고 있는지 알 도리가 없습니다.

지평선 너머에 있는 이들의 입장에서 보자면 우리는 지평선 바깥에 있고 그들은 지평선 내부에 있는 셈입니다. 지구 지평선의 안과 밖에 있는 이들은 서로에게 영향을 끼칩니다. 이쪽에서 저쪽으로 이동할 수도 있고, 소식을 주고받을 수도 있습니다. 그런데 우주에는 내부에서 일어나는 일을 외부에서 알 수 없는 어떤 경계가 있습니다. 그것을 사건의 지평선(event horizon)이라고 합니다.

사건의 지평선은 우리가 지구에서 보는 지평선과는 다릅니다. 양쪽에서 서로에게 영향을 줄 수 있는 지구 지평선과 달리,

사건의 지평선 내부에서 일어난 사건은 외부에 영향을 줄 수 없습니다. 블랙홀이 대표적인 사건의 지평선입니다. 블랙홀 바깥에서는 안쪽으로 들어갈 수 있습니다. 물질도 들어가고 빛도 빨려 들어갑니다. 하지만 블랙홀 안쪽에서는 바깥쪽으로 아무것도 나오지 않습니다. 물질도 빛도 정보도 빠져 나오지 못합니다.

원인은 한 가지, 중력 때문입니다. 블랙홀의 중력이 너무 큽니다. 블랙홀의 중력에 대항하여 빠져 나오려면 그 속도가 빛의 속도보다도 빨라야 합니다. 그런데 우주에서는 그럴 수 없습니다. 그 어떤 것도 그 어떤 상황에서도 빛보다는 빠를 수 없기 때문입니다. 하여 블랙홀 내부에서 일어나는 일을 블랙홀 바깥에서는 절대로 알 수가 없습니다. 한번 들어가면 절대로 나올 수 없는 그 경계면이 바로 '사건의 지평선'입니다.

우리는 또 아인슈타인을 이야기할 수밖에 없습니다. 2019년은 아인슈타인의 일반 상대성 이론을 에딩턴이 관측으로 검증한 지 꼭 100년이 되는 해입니다. 아인슈타인은 일반 상대성 이론을 통해 블랙홀의 존재도 예측했습니다. 그런데 지금까지 블랙홀을 본 사람은 아무도 없었습니다. 물리학자들이 수학으로 계산해보니까 거기에 모든 걸 빨아들이는 블랙홀이 있다는 것뿐이었죠. 있는 것을 빤히 아는데 그걸 보고 싶은 생각이 들지 않겠습니까! 과학자들은 해내고 말아야 직성이 풀리는 사람들입니다. 이들은 지구에서 5500만 광년 떨어진 M87 은하 중심에 있는 블랙홀의 그림자 사진을 찍겠다고 마음먹었습니다. 서울에서 달 표면에 있는 오렌지를 찾겠다는 것과 마찬가지입니다.

어떻게 할까요? 혼자서 할 수 있는 일이 아닙니다. 한 나라의 과학자들이 할 수 있는 일이 아닙니다. 지구만 한 망원경이 필요하기 때문입니다. 그런데 과학자가 어떤 사람들입니까? 연구를 위해서라면 기꺼이 협력하는 이들이 과학자입니다. 전 세계 200명이 넘는 과학자들이 모여서 '사건의 지평선 망원경(EHT)' 프로젝트를 꾸렸습니다. 이들은 전 세계에 있는 8개의 전파망원경을 하나로 묶어서 지구만 한 가상의 망원경을 만들어냈습니다. 그리고 M87의 중심부를 관측했습니다.

2019년 4월 10일 수요일 저녁 10시에 전 세계 물리학자와 천문학자, 그리고 물리학과 천문학 애호가들은 각자의 장소에서 모니터 앞에 앉았습니다. EHT 프로젝트 연구진이 2년 전에 촬영한 블랙홀 사진을 공개하기로 예고한 시간이기 때문입니다. 연구진은 각국의 전파망원경에 잡힌 전파신호를 통합 분석해 블랙홀 사진을 만들었습니다. 예상했던 대로였습니다. 검은 부분을 둘러싸고 찬란한 빛이 휘어져 있습니다. 블랙홀은 안

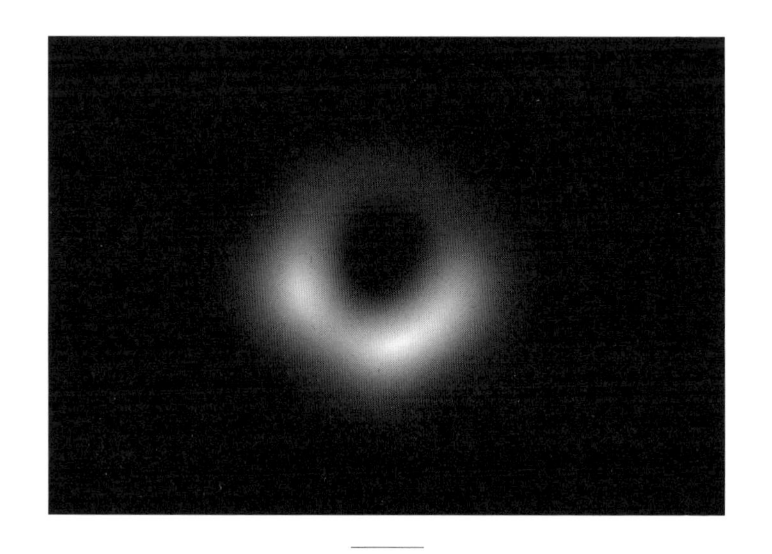

인류 최초로 찍은 블랙홀.
'블랙홀'은 죽어가는 별로, 엄청난 무게 때문에
중력이 매우 강력해 주변의 모든 것들을 빨아들입니다.
빛까지 빨아들이는 어두운 천체라
'블랙홀'이라는 이름이 붙었습니다.

보입니다. 그 윤곽이 보일 뿐입니다. 검은 부분은 블랙홀의 그림자입니다. 그 그림자 안에 블랙홀이 숨어 있습니다.

이번 연구에 참여한 한국천문연구원 손봉원 박사는 "이제 블랙홀을 실제 관측해 연구하는 시대가 도래했다"고 말했습니다. 보이는 것만큼 알게 됩니다. 우리는 우주에 더 한층 다가서게 되었습니다. 사건의 지평선 코앞까지 갔습니다.

우리가 볼 수 있는 것이 많아질수록 세계는 넓어집니다. 현미경이 생긴 다음부터 작은 세계까지 볼 수 있게 되었습니다. 망원경이 생기니까 우주로까지 우리의 시야가 넓어졌습니다.

그런데 이번에는 전 세계에 흩어져 있는 천문학자들이 협력해서, 심지어 컴퓨터 전문가까지 협력해서 블랙홀의 그림자를 찍어냈습니다. 블랙홀의 그림자 주변을 찍다보니까 블랙홀이 있다는 걸 눈으로 확인하게 된 거죠. 이제 더 많은 것들, 현미경이나 망원경으로도 볼 수 없는 암흑의 세계로까지 우리의 세계가 확장된 것입니다. 당장 우리의 실생활이 변하지는 않겠지만 사고의 지평에 있어서는 엄청난 확장이 있을 겁니다.

보이지 않는 세계의 결합

사람뿐만 아니라 모든 생명이 별의 작품입니다. 별은 생명에 필요한 원소를 만듭니다. 원소만 있다고 해서 생명이 되지는 않습니다. 다양한 원자들이 서로 다른 방식으로 결합되어 생명의 분자를 만들어야 합니다. 단백질, 탄수화물, 지방, 비타민, 그리고 핵산 같은 것 말입니다. 그러려면 기본 뼈대가 있어야 합니다. 아미노산이 연결되어 만들어진 단백질도 잘 들여다보면 그 가운데에 뼈대가 있습니다. 마치 나사선처럼 꼬여 있는 DNA 역시 나란히 서 있는 두 개의 뼈대에 핵산 염기들이 붙어 있는 형태입니다. 탄수화물과 지방도 마찬가지입니다. 심지어 석탄과 석유 그리고 플라스틱도 같은 뼈대를 갖습니다.

생명의 원소 뼈대는 '…탄소-탄소-탄소-…'입니다. 뼈대를 담당하는 원소는 오로지 탄소 하나뿐입니다. 탄소에게는 꼬리에 꼬리를 물고 기다랗게 연결되는 능력이 있습니다. 도대체 이 능력은 어디에서 온 것일까요?

생명의 분자를 이루는 원자들이 결합되는 데는 조건이 있습니다. 바로 전자를 공유하는 것입니다. 서로 결합하려면 먼저 함께 나눌 전자를 내놓아야 합니다. 물론 아무 전자나 공유할 수 있는 것은 아닙니다. 전자는 핵을 둘러싼 여러 껍질에 나누어 분포하는데 가장 바깥 껍질에 있는 전자만 공유할 수 있습니다. 하긴 안쪽 껍질에 있는 전자는 보이지도 않는데 어떻게 결합하겠습니까?

수소는 한 개의 전자를 내놓을 수 있습니다. H· 또는 ·H라고 표현합니다. 잡을 수 있는 손이 하나입니다. 산소는 전자를 두 개 내놓아 ·O·가 됩니다. 잡을 수 있는 양손이 있는 셈입니다. 결합이란 손과 손이 맞잡는 것입니다. 이것을 공유결합이라고 합니다. 수소는 손이 하나뿐이니 결합을 하나만 할 수 있지만 산소는 손이 둘이니 두 개의 수소와 결합할 수 있습니다. H:O:H처럼 말입니다. 이걸 우리는 간단하게 'H_2O'라고 쓰고 '물'이라고 읽습니다.

수소처럼 손이 하나 있거나 산소처럼 손이 두 개만 있어가지고는 뼈대를 이룰 수 없습니다. 손이 앞뒤좌우에 네 개는 있어야 합니다. 그래야 위와 아래에 있는 손으로는 뼈대를 이루고 양쪽에 있는 손으로 다른 원자와 결합할 수 있습니다. 탄소는 손이 네 개입니다. 덕분에 생명의 뼈대를 이룰 수 있습니다.

그런데 비밀이 하나 있습니다. 사실 탄소보다 산소가 바깥 껍질에 더 많은 전자를 가지고 있다는 것입니다. 탄소는 네 개

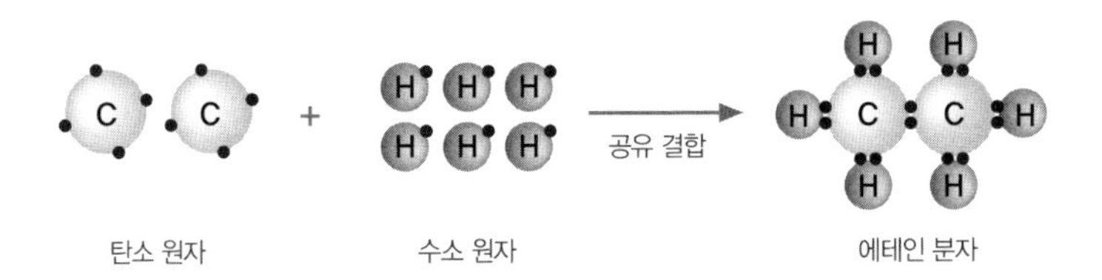

뿐이지만 산소는 여섯 개나 됩니다. 손이 여섯 개가 있는 셈입니다. 그런데 양쪽 손을 제외한 네 개의 손은 다른 원자에게 손을 내미는 게 아니라 자기 안에서 두 개씩 손을 잡고 있습니다. 그래서 뼈대를 이루지 못합니다.

산소가 공유하는 정신이 부족해서 그런 게 아닙니다. 산소의 바깥 껍질에는 전자들이 들어가는 방이 각각 네 개씩 있습니다. 산소는 네 개의 방을 여섯 개의 전자가 나눠서 써야 합니다. 어떻게 나눠 쓸 수 있을까요? 일단 앞뒤좌우 네 개의 방에 전자가 하나씩 들어갑니다. 전자가 아직 두 개 남았는데 이젠 빈 방이 없습니다. 어쩔 수 없습니다. 앞방과 뒷방에 전자가 하나씩 더 들어가야 합니다. 같은 방에 둘이 있으니 손을 꼭 잡고 잘 수밖에요. 양쪽 방 전자들만 다른 원자의 전자들에게 손을 내밀 수 있습니다.

탄소 역시 가장 바깥 껍질에는 방이 네 개 있습니다. 탄소는 네 개의 전자들이 방을 하나씩 쓰면 됩니다. 앞뒤좌우 방 네 개를 차지한 전자들은 외롭습니다. 누군가에게는 손을 내밀어야 합니다. 덕분에 탄소는 뼈대를 이룰 수 있는 것입니다.

만약 탄소의 전자들이 각방을 쓰지 않고 한 방에 두 개씩 들어가면 어떻게 될까요? 그런 행위는 원자 호텔에서는 금지되어 있습니다. 원자 호텔은 일단 각자 방을 하나씩 배정하고 빈 방이 없을 때만 한 방에 전자 하나씩 더 들어가게 해놨습니다. 그것도 같은 성질의 전자여서는 안 됩니다. 하나는 위쪽에 베개를 두고 자는 전자라면 다른 하나는 아래쪽에 베개를 두고 자는 전자여야 합니다.

원자의 호텔방을 과학자들은 '오비탈'이라고 합니다. 그리고 먼저 각방을 채운 다음에 합방을 시키되 결코 같은 성질의 전자가 같은 방을 써서는 안 되는 규칙을 '파울리의 배타원리'라고 합니다. 파울리는 그 규칙을 발견한 사람의 이름입니다.

배타원리는 인간 사회에도 적용됩니다. 자기 사람으로 방을 채우면 결합은 이뤄지지 않습니다. 방을 비워놓고 생각이 다른 사람과 공유해야 무너지지 않는 세상의 뼈대가 생깁니다.

우주 파업

"지구에서 달까지의 거리는 약 38만 킬로미터입니다. 그렇다면 국제우주정거장(ISS)의 고도는 어느 정도일까요?" 과학 강연 중 청중에게 물었습니다. 이걸 정확히 대답하기는 쉽지 않으니 보기를 드렸습니다.

① 10~100km

② 100～1,000km

③ 1,000～10,000km

④ 10,000～100,000km

청중의 나이가 어릴 때는 비교할 대상을 주기도 합니다. 지구에서 가장 높은 에베레스트 산의 높이는 8,848미터로 약 10킬로미터 정도죠. 또 지구의 지름은 12,800킬로미터입니다. 그렇다면 답은 몇 번일까요?

청중들이 선택한 답은 ④ > ③ > ② 순입니다. ④번이 압도적으로 많고 ①번을 선택한 분은 한 분도 안 계셨습니다. 정답은 ②번입니다. 400킬로미터 정도의 고도에서 움직이고 있죠. 지구 반지름 6,400킬로미터의 6퍼센트에 불과한 높이입니다. 지구를 동전 크기로 그리면 ISS는 동전에 붙어 있는 것처럼 그려야 할 정도로 지구 표면과 가깝습니다. ISS에 체류하는 우주인들은 둥근 지구 전체를 한 눈에 볼 수 없죠.

ISS는 저궤도 우주정거장입니다. NASA는 ISS가 심(深)우주탐사에는 적당하지 않다고 해서 2020년까지만 운영하고 팔아치울 고민을 하고 있다고 합니다. 비록 심우주탐사에는 적절하지 않지만 그래도 국제적으로 함께 운영하면 좋겠습니다. ISS는 세계 평화의 상징이거든요. 냉전 소멸의 산물이기 때문입니다.

국제우주정거장.
우주정거장은 실험실이자 전초기지 역할을 합니다.
ISS는 미국, 러시아 등 16개국이 수십 개의 모듈을 만든 뒤
지구 궤도에서 조립하는 방식으로 만들어졌습니다.

냉전 시대에는 미국과 소련이 각각 우주정거장을 가지고 있었습니다. 1969년 미국의 아폴로 11호가 달에 착륙하자 소련은 1971년 4월 19일 세계 최초의 우주정거장 살류트 1호를 발사합니다. 4일 후인 4월 23일에는 소유즈 10호가 발사되어 살류트 1호와 도킹하는 데 성공하죠. 이때 해치가 고장 나서 우주인은 살류트 1호로 들어가지 못했습니다. 6월 6일 발사된 소유즈 11호의 우주인들이 사상 최초로 우주정거장에 진입하게 되죠. 이들은 식물 배양과 같은 실험을 수행한 후 6월 30일 지구로 귀환하다가 사고로 모두 사망합니다. 하지만 우주정거장에 사람이 체류할 수 있다는 것을 증명했죠.

소련의 우주정거장에 맞서 미국은 1973년 5월 스카이랩 프로젝트를 시작합니다. 5월 14일 스카이랩 본체를 발사했습니다. 스카이랩 본체는 새턴 V 3단 로켓을 개조해서 한 사람이 2년 동안 생활할 수 있는 보급품을 실었습니다. 꼭대기에는 도킹 모듈이 달려 있었죠. 스카이랩 1호가 미국 최초의 우주정거장입니다. 그 후에 발사되는 스카이랩 2~4호는 스카이랩 1호와 도킹하는 사령선일 뿐이죠.

5월 25일 발사된 스카이랩 2호의 우주인들은 장기간 동안 인간이 우주에 체류할 때 발생하는 문제들을 측정하는 임무를 받았지만 1호와 도킹하자마자 1호를 수리하고 햇빛을 막아주는 파라솔을 설치하는 임무를 먼저 수행해야 했습니다. 28일 50분간 우주 공간에 체류한 우주인들은 그동안 키가 2.5센티미터 자라고 심장은 3퍼센트 수축했지만 지구로 귀환한 지 이틀 만에 정상으로 돌아왔습니다.

7월에 발사된 스카이랩 3호 우주인들의 임무 기간은 거의 두 배로 늘었습니다. 59일 11시간 동안 우주에 체류했고 그 사이에 선외 활동을 세 번이나 했지요. 이들은 귀환할 때 장난기가 발동해서 스카이랩 1호 안에 비행복을 사람처럼 곳곳에 세워놓고 왔습니다. 다음 우주인들을 놀려주려는 심산이었지요. 우주인들의 삶은 즐거워 보였습니다.

11월에는 스카이랩 4호가 발사되었습니다. 여기에는 아폴로 19호 비행사로 내정된 세 명의 우주인이 탑승했습니다. 비록 초보 우주인이기는 했지만 모든 우주비행 훈련을 마친 정예 요원이었습니다. 이들은 스카이랩 3호보다 25일이나 더 긴 84일 동안 우주정거장에 체류하였습니다. NASA는 우주인들에게 16시간씩 일하도록 하면서 분 단위의 일정표를 짜주었습니다. 그런데 예상과 달리 4호 우주인들의 임무 수행은 더뎠습니다. 결국 NASA는 식사시간과 수면시간을 줄일 것을 요구했죠. 지상의 다른 우주인들은 무리라고 지적했습니다. 심지어 12월 23일에는 우주인 가운데 한 명이 "우리는 휴식 시간이 더 필요합니다. 스케줄이 너무 빡빡합니다. 식사 후에 운동하고 싶지는 않아요. 모든 것들이 제대로 통제되어야 합니다"라고 하소연할 지경에 이르렀습니다.

하지만 NASA의 관료들은 꿈쩍도 하지 않았습니다. 우주인이라면 충분히 극복할 수 있을 것이라고 믿은 것이죠. 5일 후인 12월 28일 문제가 발생했습니다. 지상 관제탑과 스카이랩 우주정거장 사이의 통신이 꺼진 것입니다. 지상에서는 난리가 났습니다. 하지만 그 시간에 우주인들은 맘껏 잠을 자고 기념사진을 찍으면서 휴식을 취했습니다. 일부러 라디오를 끈 것입니다. 사상 최초의 우주 파업이 일어난 것입니다.

우주인들은 하루가 지난 다음에야 다시 통신 스위치를 켜고 파업을 중단했습니다. 파업 투쟁은 효과가 있었습니다. NASA는 분 단위로 활동을 지시하는 대신 하루 단위로 임무를 부여하여 우주인들이 스스로 자신의 시간을 통제하게 했습니다. 수면시간과 식사시간도 보장했죠. 그러자 우주인들의 미션 수행능력도 올라갔습니다. 이들은 예정된 임무보다 더 많은 작업을 소화하고 지구로 귀환했습니다.

1973년 12월 28일의 우주 파업 이후 NASA는 우주인들의 업무량을 적절하게 정하고 그들의 육체와 심리 상태를 고려한 임무를 부여하기 시작했습니다. 파업이 효과가 있던 셈이죠.

소련이 망하고 냉전이 종식되자 우주에서는 협력이 일어났습니다. 1998년부터 미국과 러시아를 비롯한 여러 나라들이 함께 ISS를 운영하고 있습니다. ISS는 세계 평화의 상징입니다. 군사적 적대행위뿐만 아니라 강도 높은 노동과 파업도 없습니다. 우주인들과 지상의 관제탑은 충분하게 소통하고 있죠. 거저 주어지는 명랑한 노동현장은 없습니다. 모두 투쟁의 결과입니다.

떫은 감을 향해 고개를 숙이다

대학 동창이 자신의 소셜 네트워크 서비스에 고향집 감나무를 자랑했습니다. SNS는 원래 자랑을 하는 공간이죠. 친구가 자랑을 하면 부러워해주는 게 또한 그 공간의 예의 아니겠습니까? "아주 부럽다"고 댓글을 달았더니 친구는 고맙게도 대봉시를 한 박스 보내주었습니다. 오고가는 자랑과 칭찬 속에서 명랑사회가 싹트네요.

그런데 문제가 생겼습니다. 급한 마음에 크게 한 입 베어 물은 대봉시에서 엄청 떫은맛이 나는 겁니다. 도저히 먹을 수가 없었습니다. 잠깐! 떫은맛이라니…. 떫은맛이라는 맛도 있나요? 학교에서는 혀가 느끼는 맛은 단맛, 짠맛, 신맛, 쓴맛, 감

칠맛뿐이라고 배웁니다. 그리고 매운맛은 맛이 아니라 통증이라는 사실은 널리 알려져 있습니다. 그렇다면 떫은맛의 정체는 무엇일까요? 떫은맛도 분명 맛이 아닐 겁니다. 밥알을 입 안에서 굴려보세요. 밥알이 어디에 있는지, 밥알의 상태가 어떤지 잘 알 수 있잖아요. 바로 촉각 때문입니다. 떫은맛도 촉각입니다. 어떤 물질이 침 속이나 입 안의 점막에 있는 단백질에 들러붙으면 입 안의 촉각세포에 불쾌한 느낌을 주는 경우가 있는데 우리는 이때 떫다고 느끼는 것이지요.

감에서 떫은맛을 내는 성분은 타닌(tannin)입니다. 타닌이 감 전체에 골고루 퍼져 있는 것은 아닙니다. 타닌은 과육 세포 속에 띄엄띄엄 존재하죠. 동물 세포와는 달리 식물 세포에는 액포라는 소기관이 있습니다. 말 그대로 물주머니입니다. 보통은 세포의 크기를 유지시키는 역할을 합니다. 세포 부피의 80퍼센트 이상을 차지하지요. 그런데 액포는 영양소나 독을 저장하거나 세포에서 필요 없는 물질을 분리해서 저장하는 역할도 합니다. 타닌은 바로 이 액포 속에 들어 있습니다. 단단한 감을 칼로 잘라보면 깨알처럼 작은 갈색 점이 보입니다. 그것이 바로 타닌 얼룩입니다.

모든 식물에는 타닌이 들어 있죠. 길거리에서 마른 잎 하나 아무 거나 집어서 씹어보세요. 떫은맛이 납니다. 마른 잎은 절반이 타닌이거든요. 식물에 타닌이 있는 이유가 있습니다. 진화학자들은 타닌의 떫은맛은 식물이 씨앗을 초식동물로부터 보호하기 위해 만들어낸 일종의 방어 수단이라고 생각합니다.

그런데 이상합니다. 모든 생명체의 최고 사명은 바로 번식입니다. 식물에게 번식이란 씨앗을 널리 퍼뜨리는 것이지요. 한 자리에 뿌리 내리고 사는 식물은 움직이지 못합니다. 움직일 수 있으면 동물이지요. 하지만 식물도 씨앗은 널리 퍼뜨려야 합니다. 씨앗이 자기 주변에 떨어지면 자기 후손과 경쟁을 해야 하는 불상사가 생기니까요.

식물은 씨앗을 퍼뜨리기 위한 다양한 수단을 개발했습니다. 열매도 그 가운데 하나죠. 열매는 동물에게 주는 선물입니다. 동물은 단맛이나 신맛이 나는 열매에서 영양분을 취하고 거기에 대한 보상으로 씨앗을 먼 곳에 퍼뜨립니다. 그런데 동물들은 떫은맛이 나는 열매는 먹지 않죠. 따라서 떫은맛이 나는 열매는 식물의 번식에 도움이 되지 않습니다.

그렇다면 식물은 왜 열매 속에 타닌 성분을 저장할까요? 시간을 버는 것입니다. 아직 씨앗이 충분히 여물지 않았거든요. 그런데 동물이 와서 냉큼 열매를 먹으면 동물에게 애써 축적한 양분만 제공할 뿐 자신의 번식에는 도움이 되지 않잖아요. 그래서 씨앗이 여물 때까지는 떫은맛을 내서 씨앗을 감싸고 있는 열매를 지키는 것이지요.

식물은 씨앗이 충분히 여물면 열매의 떫은맛을 없앱니다. 타닌을 없애는 것은 아니고요. 타닌이 더 이상 물에 녹지 않는 형태로 바꿉니다. 그러면 점막의 단백질에 달라붙지 못하거든요. 씨앗이 여물면 식물에서는 타닌의 형태를 바꿔주는 호르몬이 합성됩니다. 에틸렌이 바로 그것입니다. 에틸렌은 아미노산에서 만들어지는 호르몬입니다. 에틸렌은 싹을 틔우고, 이파리를 떨어뜨리고, 열매를 숙성시키는 역할을 합니다.

충분히 성숙한 열매가 스스로 나무에서 떨어지면 그제서야 동물들이 먹습니다. 매운맛을 느끼지 못하는 새들도 떫은맛은 느낍니다. 까치밥이 오랫동안 남아 있는 이유가 있습니다. 그런데 감이 충분히 익기를 기다리지 못하는 동물도 있습니다. 바로 사람입니다. 사람은 나무 아래서 감이 떨어지기만을 마냥 기다리기에는 너무나 지혜롭습니다.

사람들은 감에서 떫은맛을 속히 제거하는 다양한 기술을 개발했습니다. 빈 술독에 넣어두는 것도 한 방법입니다. 술독에 남아 있는 알코올 성분이 타닌의 성질을 바꿔줍니다. 물에 녹는 타닌을 더 이상 물에 녹지 못하게 하는 것이지요. 나무에게 배운 방법도 있습니다. 바로 식물 호르몬인 에틸렌을 사용하는 것이지요. 사람들은 떫은 감과 사과를 함께 놔두는 방법을 생각해냈습니다. 흔한 과일인 사과에서 에틸렌이 많이 나오기 때문입니다.

저는 친구가 보내준 대봉시를 몇 개씩 나누어서 그늘에 두었습니다. 그런데 홍시로 익어가는 속도가 거의 같더군요. 아무리 감을 좋아한다고 하더라도 하루 세끼를 감만 먹을 수는 없을 것 같았습니다. 결국 채 익지 않은 대봉시를 이웃에게 나누어주었습니다. 비록 대봉시가 번식을 하지는 못하지만 널리 퍼뜨리라는 대봉시의 정신은 지켰습니다. 떫은맛을 내어 널리 나누어 먹게 하는 자연의 섭리에 고개를 숙입니다.

사진 출처

14쪽 (왼쪽) 내셔널 지오그래픽 (오른쪽) 타임
17쪽 노벨 미디어
21쪽 기상청
37쪽 필드 자연사 박물관
43쪽 스미소니언 도서관
54쪽 다이앤 포시 고릴라 기금
66쪽 미항공우주국
69쪽 미항공우주국
74쪽 미항공우주국
77쪽 MIT 박물관
88쪽 미항공우주국
101쪽 국립중앙박물관
103쪽 국제도량형국
119쪽 그레타 툰베리 인스타그램
126쪽 버드세이프
130쪽 호주 박물관
139쪽 미항공우주국
143쪽 미항공우주국
186쪽 미국 에너지부
192쪽 국립오듀본협회
201쪽 미 수산청
225쪽 미항공우주국
230쪽 미항공우주국
233쪽 (위) 영국 박물관 (아래) 99% 인비저블
248쪽 EHT 공동연구진
255쪽 미항공우주국